U0260510

为荷而来

潘文龙
周晨 编

古吴轩出版社

写给荷塘

小海

荷花仙女

在卷曲的叶片上

跳跃着

点燃一盏盏

高洁的心灯

接天的荷叶

甩着头，争夺空气

制造着一点迷幻效果

"闻歌始觉有人来"

荷叶上的雨滴，像酒

阳光的影子太轻了

抓，也抓不住

一只水鸟飞来

像天空翠蓝的窟窿

剑一样的嘴喙

燃烧迷幻药一般的翠色

荷风四面

刺绣的江南

铺展的阳澄湖

目录

荷
风

荷花荡往事

王稼句

苏州人好游玩,四时八节,想出一个理由来,就要好好玩他一番,既已约定俗成,也就不管那天天气如何了。《古今谭概》《快园道古》《坚瓠集》等都记了袁宏道的四句诗"苏人三件大奇事,六月荷花二十四。中秋无月虎丘山,重阳有雨治平寺。"虽然是托名之诗,传播却很广。中秋夜尽管无月,还得上虎丘赛曲听歌;重阳日尽管下雨,还得去楞伽山治平寺登高望远。而另一件奇事"六月荷花二十四",需要做点解释:农历六月二十四日相传是荷花生日,又称观莲节,郡城士女群集葑门外荷花荡,画船箫鼓,极一时之盛,至傍晚方才兴尽而散。六月乃三时之际,必有时雨,而二十四日那天又相传恰好为雷公生日,黄昏时每多雷阵雨,苏州人称为"雷公暴",游人也就往往拎着鞋子,赤脚而归,故苏州有"赤脚荷花荡"的俗谚。这一句,别本又作"六月荷花偏廿四",意思是荷花生日本来是无稽之谈,却偏偏定在了这一天,让人满身泥泞,赤脚而归,落汤鸡似的,一副狼狈相。苏州人的"竞节好游",正有着这样一种狂热。

苏州城外东南一带,地势低洼,多湖荡,多沼泽,不能栽种水稻,当地农人就因地制宜,在大大小小的水面上培植水生作物,如莲藕、茭白、茨菰、菱芰、芡实、荸荠、水芹、莼菜,它们被称为"水八仙"。就莲藕来说,莲乃荷之实,藕乃荷之根,莲实、藕段、荷叶既是很好的吃食,又可以入药;熟食、南酱、腌腊、果品诸多店肆,还用荷叶来裹物。至于它的观赏价值,在风雅之士看来,自然更在口腹及日用价值之上。乾隆《元和县志》卷十六就说:"荷有红、白、黄、碧、锦边、并头、西番、罗汉、观音诸种,葑门外最甚。"每当花时,水上云锦烂漫,清香远溢,真是一道道绚丽的景观。

葑门外种植荷花的地方很多,但名为"荷花荡"的只有一处。《百城烟水》卷三记道:"荷花荡,在葑门外二里,其东南接皇天荡。"皇天荡即黄天荡,又名朝天湖。《吴中水利全书》卷十八引曹胤儒《苏州府水道志》说:"瓦屑泾在灭渡桥北,从此泾而南,荷花荡在焉,又东南为黄天荡。"据《元和县志》卷二记载,荷花荡很可能是在二十四都正扇六图,即"黄天荡北滩"。在1934年出版的《苏州新地图》上,"黄天荡"上方就标有"荷花荡"。它的位置大致在今夏家桥东南。也有人将黄天荡称为荷花荡,那是因为两个湖荡相距很近,且有宽阔的瓦屑泾沟通连接,黄天荡的荷花也绵亘数里,将两处误为一处,也并不奇怪。时移境迁,几百年来,那里的地理环境发生了很大变化,故只能推测一个大概。

六月二十四日游荷花荡的风俗,起于何时,今已无可稽考,但形成盛观,当不晚于明代前期,但正德《姑苏志》未曾提及。袁宏道在《岁时纪异》里就说:"吴俗最重六月廿四日荷花荡、中秋日虎丘,而皆不书,何也?"其实,唐寅《江南四季歌》就已咏道:"提壶挈榼归去来,南湖又报荷花开。锦云乡中漾舟去,美人鬓压琵琶钗。"王宠也有一首《荷花荡》,诗曰:"解缆芙蓉岸,飞觞绿水筵。狂悲金缕曲,醉隐玉壶天。织女宵期逼,银河浪静偏。挂帆逢七夕,若个是张骞。"至黄省曾时,游荷花荡之风俗已十分繁盛了,他在《吴风录》里说:"自吴王阖庐造九曲路,以游姑胥之台,台上立春宵宫为长夜之饮,作天池泛青龙舟,舟中盛致妓乐,日与西施为嬉;自居易治吴,则与容、满、蝉、态辈十妓游宿湖

岛。至今吴中士夫画船游泛，携妓登山。而虎丘则以太守胡缵宗创造台阁数重，增益胜眺，自是四时游客无寥寂之日，寺如喧市，妓女如云。而它所则春初西山踏青，夏则泛观荷荡，秋则桂岭九月登高，鼓吹沸川以往。"黄省曾更有《六月廿四日荷花荡一首》咏道："竞楫都人集，喧游国事传。探芳怜胜日，携客讨湖天。玉笛催新柳，红妆夺始莲。开襟欢未极，沽酒不论钱。"自此以后，六月二十四日游荷花荡，不但年复一年益见繁盛，而且成了骚人墨客的岁时诗料，相关诗作多至不可胜举。

万历二十四年(1596)岁末，袁宏道已解吴县知县之职，但尚未离开，他追记两年来在苏州的游踪，共得文十八篇，其中一篇就是《荷花荡》，这样写道："荷花荡在葑门外，每年六月廿四日，游人最盛，画舫云集，渔刀小艇，雇觅一空。远方游客，至有持数万钱无所得舟，蚁旋岸上者。舟中丽人，皆时妆淡服，摩肩簇舄，汗透重纱如雨。其男女之杂，灿烂之景，不可名状。大约露帏则千花竞笑，举袂则乱云出峡，挥扇则星流月映，闻歌则雷辊涛趋。苏人游冶之盛，至是日极矣。"此文收在《锦帆集》里，但袁叔度书种堂写刻本和袁中道编校本都没有这一篇，而在《阴澄湖》尾后有一段："百榖又为余言，吴儿以六月之廿四日游荷花荡，倾国而出，虽渔刀小艇，顾觅皆空。士女竞为时妆淡服，摩肩簇舄，舟中之气如煽热冶，而游人自以为乐，殊觉无谓。余笑曰：'六月乌纱，有热于此者矣。'噫，今之君子能不以苦为乐，以热恼为清凉者，几人哉！"可见袁宏道并没有在那天去过荷花荡，乃是听了王稺登的介绍，从《阴澄湖》里分出《荷花荡》一篇来，再重写的。

与袁宏道任职吴县的同时，江盈科任长洲知县。荷花荡地属长洲，作为地方长官,江盈科自然不会错过这种盛会,他的《雪涛阁集》就存纪游多篇,如《同张幼于诸君游荷花荡》咏道:"十里葑门水拍堤,媚人鸂鶒与凫鹥。移舟载酒携朋侣,侵早看莲到日西。""荡里人家尽种莲,参差红绿远连天。年常六月二十四,士女倾城狎荡前。""弦管笙歌若沸汤,画船男女似蜂房。莲花欲共游人语,荷气相兼杂佩香。""鸡头菱角与莼丝,水味尊前样样奇。剥将莲子为枚马,摘取荷筒当酒卮。""衔杯不觉语言狂,戏把莲花比女郎。白藕纤纤女郎手,红蕖的的女郎妆。""百分劳碌一分闲,偷对荷花开笑颜。输却前朝挟官妓,放帘生怕艳姬看。""宦套笼人类缚鸡,风流两字再休提。吴娘度曲声如管,渐近官船唱渐低。""忘记深杯几百巡,醉来倒着紫纶巾。五年荡里才今日,不饮荷花恐笑人。""归去山房亦有池,种荷不怕不千枝。只愁莲子开花日,转忆高朋聚首时。"这一组九首,对那天荷花荡的诸般景象,做了生动的描绘。

二十五年后的天启二年(1622),张岱也有六月二十四日荷花荡之游,他的《葑门荷宕》写道:"天启壬戌六月二十四日,偶至苏州,见士女倾城而出,毕集于葑门外之荷花宕。楼船画舫至鱼艓小艇,雇觅一空。远方游客有持数万钱无所得舟,蚁旋岸上者。余移舟往观,一无所见。宕中以大船为经,小船为纬,游冶子弟,轻舟鼓吹,往来如梭。舟中丽人皆倩妆淡服,摩肩簇舄,汗透重纱。舟楫之胜以挤,鼓吹之胜以集,男女之胜以溷,歊暑燀烁,靡沸终日而已。荷花宕经岁无人迹,是日,士女以鞋靸不至为耻。袁石公曰:'其男女之杂,灿烂之景,不可名状。大约露帏则千花竞笑,举袂则乱云出峡,挥扇则星流月映,闻歌则雷辊涛趋。'盖恨虎邱中秋夜之模糊躲闪,特至是日而明白昭著之也。"

六月二十四日葑门外荷花荡,已成为太平岁月的美好记忆。

　　天启七年(1627),冯梦龙辑行《醒世恒言》,第四卷《灌园叟晚逢仙女》的正话,就以荷花荡为背景。故事的发生,"就在大宋仁宗年间,江南平江府东门外长乐村中。这村离城只去三里之远,村上有个老者,姓秋,名先"。秋先酷好栽花种果,花圃里四时不凋,八节长春。"篱门外,正对着一个大湖,名为朝天湖,俗名荷花荡。这湖东连吴淞江,西通震泽,南接庞山湖。湖中景致,四时晴雨皆宜。秋先于岸傍堆土作堤,广植桃柳。每至春时,红绿间发,宛似西湖胜景。沿湖遍插芙蓉,湖中种五色莲花,盛开之日,满湖锦云烂熳,香气袭人,小舟荡桨采菱,歌声泠泠。遇斜风微起,偎船竞渡,纵横如飞。柳下渔人,舣船晒网。也有戏鱼的,结网的,醉卧船头的,没水赌胜的,欢笑之音不绝。那赏莲游人,画船箫管鳞集,至黄昏回棹,灯火万点,间以星影萤光,错落难辨。深秋时,霜风初起,枫林渐染黄碧,野岸衰柳芙蓉,杂间白苹红蓼,掩映水际。芦苇中鸿雁群集,嘹呖干云,哀声动人。隆冬天气,彤云密布,六花飞舞,上下一色。那四时景致,言之不尽。有诗为证:'朝天湖畔水连天,不唱渔歌即采莲。小小茅堂花万种,主人日日对花眠。'"这是作者对荷花荡理想化的描写,为叙述故事做了很好的铺垫。

　　明末吴县马佶人有《餐霞馆传奇》五种,其中一种就名为《荷花荡》,又称《莲盟记》,凡二卷二十八出。剧情较为曲折,六月二十四日荷花荡则是关键一出。据郭英德《明清传奇综录》著录:"剧叙明朝苏州富豪傅习礼,女莲贞,幼聘同里封云起。云起父母俱亡,习礼取育之。因欲为云起聘塾师,闻诸生李素才名,习礼往访之。适李素与友秋汉卿畅饮,大醉,失礼于习礼。习礼怒,改聘汉卿。云起性愚而貌丑,汉卿亦庸才,两人废学,日耽于酒色。值六月廿四日荷花荡盛会，云起与帮闲舟游。习礼偕莲贞及侍女春英、乳母王氏，乘别舟亦至。适李素雇舟来游，瞥见莲贞，两相属意。因密托王氏赠并头莲与莲贞，莲贞以莲子报之。"后来李素赴南京乡试，中解元，"归苏州，私访莲贞，遇于傅家后园，倾吐真情。然莲贞以已字人，无可如何。未几，云起中汉卿之美人计，正与一妓密会之际，为一人诈称丈夫，以刃胁之，云起惊怖发狂而死。时李素已中进士，授翰林，衣锦荣时，遂与莲贞完姻"。这个传奇虽脱不出才子佳人的窠臼，但也有别开生面的地方，傅莲贞已许字封云起，又别恋李素，然几经周折，终于如愿以偿，也就不是一般风情剧的套路了。六月二十四日荷花荡是故事展开的必要时间和地方，否则李、傅两人如何相见？如何定情？故事也就脱空了。剧中唱词还描写了那天荷花荡的热闹景象："铙声鼓声，弄管调筝，荷花深处逞其能，按宫商，实可听。碧纱窗里相遮映，朱帘揭处多娇倩。画船一望集如云，到闹丛中去夺尊。""觅扁舟，探荷香，览胜湖滨，好一派接天碧出水红新，又听得歌声和香风阵阵迎。真个是奢华佳兴，为花来须泊向花深。"这也当是实情的写照。

入清以后，六月二十四日游荷花荡的风俗依然炽盛。徐崧《汪淡洋我武昆弟载游荷花荡漫赋》诗曰："风俗何年起我吴，竞侈画舫醉烟波。倾城尽为荷生日，曾对荷花一朵无。""安得湖风扑面凉，西还最苦是斜阳。遥看倘更逢诗侣，不为邻舟窈窕娘。"又，查慎行《六月廿三归舟过荷花荡口戏作》诗曰："绿水红蕖连夜开，明朝多少画船来。归人合被游人笑，拣取花前一日回。"那句"赤脚荷花荡"的俗谚，则迟在乾隆年间开始流传。蔡云《吴歈百绝》一首咏道："荷花荡里龙船来，船多不见荷花开。杀风景是大雷雨，博得游人赤脚回。"自注："六月廿四游人集荷花荡，亦有龙船胜会。是日雷公暴，每大雷雨，故俗有'赤脚荷花荡’之说。”

　　嘉庆以后，这一风俗就渐渐消歇了。道光初，顾禄作《清嘉录》，卷六记道："旧俗，画船箫鼓，竞于葑门外荷花荡，观荷纳凉。今游客皆舣舟至虎阜山浜，以应观荷节气。或有观龙舟于荷花荡者，小艇野航，依然毕集。"至道光末，袁学澜作《吴郡岁华纪丽》，卷六记道："余谓今数十年来，翠盖红衣，犹然如昔，而烟波浩渺，画鹢稀逢，剩有野艇鱼舠，相为争集，无复向时之盛观矣。"他感慨盛衰之无常，风俗之转移，作《荷花生日》曰："六月廿四荷花诞，伏日炎歊坐流汗。鱄鲟门外盛观莲，翠盖红衣香不断。倾城士女恣娱游，六柱船摇双橹柔。簇舄摩肩杂谐谑，碧筒泛酒传清讴。闹红百舸人声乱，并蒂齐搴攘皓腕。璃窗四面眩花光，灿烂一川云锦段。就中座客拟神仙，消夏乘凉话水天。弹棋战茗调丝竹，沉李浮瓜擘锦笺。大船为经小船纬，回环水罢腾鼓吹。袂云汗雨压江潮，揉杂红红兼翠翠。雷辊涛喧哄作堆，千花竞笑万花陪。拍翅鸥凫飞远避，薰风吹满锦帆来。频年世异时趋换，兰桡尽舣山塘畔。此间好景剩烟波，野艇渔舠争渡唤。黄昏一阵雨潇潇，赤脚人归杨柳岸。"经历太平军战火后，荷花荡的盛观，更宛如一个逝去的旧梦了。

　　民国时候，自然还有人去游赏荷花，虽然红萼绿叶依然，却是一片冷冷清清。周瘦鹃晚年写过一篇《荷花的生日》，收在《花前续记》里，其中这样说："苏州旧俗，红男绿女总得挑上这一天去逛荷花荡，酒食征逐，热闹一番，再买些荷花或莲蓬回去。其见之诗词的，如邵长蘅《冶游》云：'六月荷花荡，轻桡泛兰塘。花娇映红玉，语笑薰风香。'舒铁云《六月二十四日荷花荡泛舟作》云：'吴门桥外荡轻舻，流管清丝泛玉凫。应是花神避生日，万人如海一花无。'高高兴兴地

姊雄高歌
奏笙笑

趁热闹去看荷花,而偏偏不见一花,真是大杀风景,那只得以花神避寿解嘲了。词如沈朝初《忆江南》云:'苏州好,廿四赏荷花。黄石彩桥停画鹢,水晶冰窨劈西瓜。痛饮对流霞。'张远《南歌子》云:'六月今将尽,荷花分外清。说将故事与郎听,道是荷花生日,要行行。　　粉腻乌云浸,珠匀细葛轻。手遮西日听弹筝,买得残花归去,笑盈盈。'记得二十余年前,我与亡妻凤君也曾逛过荷花荡,扁舟一叶,在万柄荷叶荷花中迤逦而过,真有'花为四壁船为家'的况味。凤君买了几只莲蓬,剥莲子给我尝新,此情此景,历历在目,可惜此乐不可复再了!"

　　时至如今,面对着那一片高楼、道路、广场,再来谈当年六月二十四日的荷花荡,比起白发宫女谈开元遗事来,似乎更遥远得难以想象了。

黄天荡与荷花荡游踪小考

何文斌

一

我多年收集民国版苏州导游手册。其中,十版《苏州指南》,花费了我不少时间。翻阅这些导游小册子,发现时常有"黄天荡"与"荷花荡"这两个名字出现。

苏州有句俗话:"苦头吃勒黄天荡,赤脚荷花荡。"大意是,黄天荡水深风浪大,出没其中时常受苦;而荷花荡则是游玩的地方,农历六月正好是荷花盛开的时候,但是时常下雨,人们拎着鞋子光着脚去赏玩。所以这句话表达的是一苦一乐,黄天荡与荷花荡形成鲜明的对比。这两个水荡只相隔一条蜿蜒的堤岸,但趣致则相差甚远。

游荷花荡,在现代人的心底与笔下,是游人摩肩接踵赏景看荷花的雅事,其实民国以前主要是冶游,雇画舫、喝花酒,是文人墨客、士绅地主的写意人生。在民国时期的报纸上,黄天荡是盗贼霸匪拆白党横行的地方,荷花荡则是赏荷佳处、冶游胜境。不过报刊上描述两个水荡,时常不分彼此,混为一谈。水面虽然锐缩,但荷花还是要赏,雅集还是得办。避暑方法千千万,哪及在水面旷阔的湖荡上品味菡萏舒卷来得曼妙?

历史上的荷花荡有很多个,杭州、淮安等地都有叫作荷花荡的地方与景点。地势低洼的湖荡与沼泽,植以荷藕,便称为荷花荡。

在苏州,就不止一个荷花荡。据历史文献记载,苏州的荷花荡大概有五处。第一处在南边,在吴江羊角湾、采堂浜之间,连接同里湖(见徐深《荷花荡的变迁》一文)。第二处是西南方向的石湖莲塘、走狗荡(位于行春桥和茶磨屿之北),有人认为唐代李肇《国史补》中记载的苏州进贡的"伤荷藕"就出自此地,也有人认为此地与范成大有关。第三处和第四处在东边,分别是葑门外荷花荡(黄天荡之西北)、葑门外黄天荡。第五处在城北的桃花坞,民国报纸上报道的一些民事案件就曾提到过这个地方,但当时也只是一个地名而已,没有水塘,更没有荷花了。本文所述的黄天荡、荷花荡包含第三与第四处,可以称之为广义的葑门外荷花荡。

民国以来关于苏州旅游的手册,凡数十种,介绍葑门外荷花荡时,名称并不统一,荷花荡、荷花宕、荷花塘时常混用,个别字句用法具有时代特色,本文依照原书的表述,皆不予改动。

二

民国时期刊行最早、流传最广、版次最多的当推《苏州指南》。第一、二版是太仓朱揖文编辑,其同乡金侠闻校订的;第三、四版的校正者是暨阳章漱玉;第五版到第八版的重修者是吴江范烟桥,校正者是武进费善元;第九、十版的重修者是常熟俞友清,校正者还是武进费善元。十余年间共印刷了十版,是民国时代苏州最通行的"游苏备览"。每一次印刷都有增订,甚至封面都有更改。

《苏州指南》第一版(朱揖文编辑,江苏省立第二农业学校、苏州私立女子职业中学校发行,1921 年 5 月初版),《正编·名胜》部分有介绍荷花塘:

在葑门外觅渡桥之东南七八里。荷花塘在独墅湖旁,居民筑为塍岸,植荷为业,绵亘数里,夏时花开如云锦,清香扑人。郡中士民,多雇舟往游,每于先日预备一切，拂晓登舟，于旭日未升、零露未收时抵其处，为尤妙。

列为第二十四。相传农历六月廿四日是荷花生日，这一天去荷花荡赏荷，这个序号别有意义。

"红豆诗人"俞友清所编的第九、十版分别出版于1935年2月和1936年9月，《正编·名胜》部分所列的荷花荡内容一般无二，但序号排在了第二十五位。延后一位的原因是，原来排在第五的"五人之墓"与第六的"环秀山庄"之间增加了一个名胜——翕圃。《附编·杂记》的第一部分为"吴县名胜志略"，分为"称谓""城邑广袤""山水""寺庙""园林"五篇，其中"山水"第七条有黄天荡的介绍："黄天荡，一作皇天荡，五代杨行密、钱镠曾战于此，今藕花最盛。"虽然只有二十四字，但信息量不小。

赓续其后的导游手册书很多，较为重要的是《旅苏必读》（陆璇卿编，吴县市乡公报社，1922年4月初版）、《苏州快览》（陶凤子编，世界书局，1925年9月初版），但这两种书中都没有专门介绍黄天荡或荷花荡。《旅苏必读》的"物产"章节中提到的"南荡鸡豆""南荡鲜藕""三白莲蓬"，是黄天荡特产。《苏州快览》已编"湖溪"中"湖塘"一条："在县西十二里行春桥北，居民种植荷芰为业，夏季花开如锦云。"如果不看地理位置，这段话描述的几与葑门外荷花荡无异。

《姑胥》（许云樵编，文怡书局，1929年8月初版，1939年2月再版）的第六部分"山水"篇中说：

黄天荡，一名朝天湖，在葑门外一二里；出了朝天桥，便是黄天荡的境界了。东南收口的地方是新塘，约有六里长，通独墅湖。新塘的中间，给浪打穿，和独墅湖合并

居游必携

蘇州快覽

上海世界書局印行

了，时常有风涛的危险；明朝太仆卿吴默，筑了堤去障阻它，才得平安。

历史上记载："唐朝乾宁三年，杨行密救董昌，遣兵与钱镠战于皇天荡，打败了他们，再进兵围苏州。"那皇天荡，就是现在的黄天荡。《宋平江城坊考》还说："本作湖天荡。"

黄天荡的南边有荷花塘，绵亘数里，都种为荷花；夏天，开花如锦，清香扑鼻，乘船去赏荷的人很多。

该书第九部分"风俗"的六月廿四一节专谈"雷斋素"，其尾又说："这天又是荷花生日，游荷花荡的人很多。"

从出版时间看，许云樵这段话是参考朱揖文《苏州指南》第一版的内容来的，但许云樵进行了史料的搜集和初步的考证。这二百余字和朱揖文的近百字内容，成了此后数十年里各类旅游书籍提到黄天荡、荷花荡的祖本，鲜有导游书例外。

此后刊行的是郑逸梅的《最新苏州游览指南》（大东书局，1930 年 3 月出版），这是一部"奇书"。郑逸梅先生多次提到这部书，《补遗之一》《我的花木缘》等文章中都专门提及，但关于书名，他记得不准确。《郑逸梅自述》中说："大东书局为了便利旅游者，出了好多种导游书，我编了《苏州游览指南》，又撰了数十篇小文章，附在后面，称为《清游小志》。"一本二百一十四页的导游手册，他自己的这组游记就占了七十页。至于加入这几十篇文章的目的，郑逸梅做了说明："举凡胜迹风俗，悉可于此中得之，以补第二章城内名胜、第三章城外名胜之不足。"的确，郑先生的这一组文章半文半白，摘艳熏香、烂若披锦，文辞称得上妙韵雅。《苏州概述》按照城门及方位一一罗列，其中第三章"城外名胜"的第三节是"葑门外",有两段写到荷花宕,别出心裁地用了"宕"字,不是"荡""塘",这是导游手册中的仅见。文字不长,既显得卓尔不群,又对读者大有裨益。列引如下:

> 在葑门外觅渡桥之东南,可顺便游览宝带桥。凡雇舟往游,宜于先日预备一切,拂晓登舟,则尤得清趣。舟资约四元。

> 荷花宕,在葑门外独墅湖旁,村氓种荷为业。夏时田田翠盖,连衍数里,花以素色者为多。每当七八月间,画舫如云,管弦沸耳,盖妓家出厂船也。斯时村童往往撷花及莲蓬,累负于背,泅水而就舷求售。自远而来,只见花叶浮动,不睹人影,亦奇景也。

这样的文字,一看就是饱经世故、摇笔即来的斫轮老手所作,老手操翰成章,才华横溢。《清游小志》中有一篇《挹蕖小记》,写他在七月初二与星社友人雅叙,约好第二天清晨游荷花宕与黄天荡,不料次日船出了故障,一行人只游了荷花宕就回到了市里。众人在怡园玩耍后到新太和吃晚饭,饭罢理好行装回上海。巧合的是,若干年后,周瘦鹃在一篇题为《谈谈莲花》的文章中深情地回忆此次荷花荡之游,但没有郑逸梅写得那么生动与详细。

《苏州》(京沪、沪杭铁路管理局编印,导游丛书之七,1935年4月初版),其中《苏州名胜概述》一文的乙部为"近郊名胜",第二十一条介绍的就是黄天荡:

> 在葑门外约一公里。荡南有荷花塘,绵亘数里,均种荷花。夏日花开,清香袭人。游者多于此时,掉舟至此赏荷。

民国时期,上海有个上海市立和安小学校,出版过一套"新和安小丛书",这是该校的"远足教材",目前所见有《虞山》及《苏州》两种。其中《苏州》(上海市立和安小学校编著,1936 年 4 月初版)提到二十四个景点,荷花荡是其中的第十七处。文字简洁朴实,适合中小学生阅读使用:

荷花荡在葑门外渎墅湖旁。附近的居民,多筑塍岸,种植荷花。到了夏天,荷花开放,十里红云。清香扑人,风景很有趣。

《新苏州导游》(尤玄父编,文怡书局,1939 年 5 月初版)中"荷花塘"条说:

塘在葑门外黄天荡之南,夏时荷花绵亘数里。花开如锦,香沁心肺,宜乘舟往游。

《太湖风景线》(蒋白鸥编辑,太湖出版社,1946 年 6 月初版)中的"荷花荡"内容完全沿袭《苏州指南》:

在葑门外觅渡桥之东南七八里。荷花塘在独墅湖旁,居民筑为塍岸,植荷为业,绵亘数里,夏时花开如云锦,清香扑人。郡中士民,多雇舟往游,每于先日预备一切,拂晓登舟,于旭日未升、零露未收时抵其处,为尤妙。

三

二十世纪五十年代的导游手册,特别是正式出版物,其言辞、用句明显与民国时的风格迥异,品读其文,能够咂摸出些许别样的味道。

《苏州导游》(江叔良编著,中国旅行社,1954 年 3 月初版)中的"名胜丙——郊区名胜"的第二条中有"黄天荡",其文曰:

黄天荡在葑门外约两里,和宝带桥离得不远,荡南有荷花塘,塘的面积有好几里,都种植着荷花,夏天荷花盛开,清香阵阵,很多游客坐了船来赏荷,剥食新鲜的藕、新鲜的菱。但是这种有闲阶级的闲情别致,已给时代所扬弃。

如果只是看看荷花,与欣赏园林并无差异,为何会"给时代所扬弃"呢?问题出在本文开头说到的冶游上。

《苏州的名胜古迹》(朱偰著,江苏人民出版社,1956 年 10 月初版)第三章"苏州的水"第四节为"黄天荡、独墅湖",其文如下:

黄天荡和独墅湖,是相连的两个湖泊,从苏州到青浦和昆山的内河航线,都经过这里。黄天荡在苏州城葑门之外,一称朝天湖。东南收口处为新塘。长凡六里,中间有个缺口通独墅湖,据说是被风浪打穿的,每逢台风大作时,航行有风涛之险。

独墅湖在葑门外东南十五里,紧靠黄天荡,北连金鸡湖(即金泾淹),西接王墓湖,南面通尹山湖。

朱偰先生的这部著作出版于古迹名胜正在修复及传统清游习俗尚未绝迹的时候,很有研究价值。他对地方文献史料稽考谨严,著作内容既与民国导游资料一脉相承,又有实地调研走访所得,所以他笔下的文字是经得起推敲,值得我们参考的。

《花园之城苏州》(高真著,上海文化出版社,1957 年 7 月初版)第一篇《古城新貌》的最后一段起首说:

苏州西部沿太湖,多山地,河流分歧,好象网络。东部平原,到处是湖荡,象阳城湖、金鸡湖、黄天荡、独墅湖、尹山湖等。整个看来,苏州真可以说得上是"水乡泽国"了。

二十世纪五十年代的中国旅行社,印过许多小折页,除了介绍旅行团章程、游程表外,还对城市的名胜古迹予以简明扼要的介绍。《苏州揽胜》三折页中

太湖風景綫

A BIRD VIEW OF THE SCENIC TA HU

有一篇《苏州轮廓》，文末说："（苏州）湖泊众多，共计二十一个。面积占全县百分之一五，彼此贯通，水利富饶。"其中提到东南部的黄天荡与独墅湖。在该折页的《苏州名胜古迹介绍》中有"宝带桥·黄天荡"一条，曰："其（笔者按：指宝带桥）东南有黄天荡，荡内荷花夏日盛开，绵亘数里，馥郁万分。"《苏州旅行团》的折页里还介绍了苏州的土特产，其中就有黄天荡的鸡豆、鲜藕和莲子。

《苏州》（中国旅行社小丛刊之一，一开折叠，无出版时间），其中《郊区的名胜地》一文中的最后一条是"黄天荡"："在葑门外，荡南有荷花塘，绵亘数里。"

《苏州园林名胜》（苏州市人民委员会园林管理处编印，1960年7月初版），至1965年9月，共印刷四次。前三次为64开本竖版，除定价略有差异，内容一致。第四次改为64开本横版，卷首《美丽的苏州》改为《序言》，内容也做了很大的改动。《美丽的苏州》第一段中提到："城内外河流纵横四通八达，除了浩瀚汪洋的太湖外，在城的东北和南面，环绕着阳城湖、金鸡湖、黄天荡、独墅湖、尹山湖、澹台湖、石湖等许多湖泊。"

进入二十世纪八十年代，伴随着日新月异的经济建设，黄天荡与荷花荡渐渐走向消亡，只有在极少数的旅游资料上能看到它们的踪影。

《导游资料》（中国国际旅行社苏州支社编印，1980年3月初版），第一部分"苏州概况"第六节"苏州的水"提到黄天荡：

> 一名朝天湖，在葑门外一二里了；出了朝天桥，便是黄天荡的地界了。黄天荡东南收口与独墅湖相连。南边有荷花塘，绵亘数里，种的都是荷花。夏天荷花似锦、清香扑鼻，慕名而乘船去赏荷花者很多。

这段文字几乎都来自许云樵的《姑胥》，其实那时候也已经有点"白头宫女在,闲坐说玄宗"的意味了。

四

多数导游手册附有地图,有一些民国出版物中还有水陆交通图,大多数标有荷花荡或黄天荡。晚清以来专门出版的苏州地图上,同样不乏黄天荡与荷花荡的标记。

清同治年间的石印本《苏城地理图》上,朝天桥往东,马路桥之南即黄天荡,旁边有文字:"钱镠攻董昌,杨行密攻苏,以□□破水寨,与镠战于黄天荡。"

光绪末期的石印本《苏州城厢图》上同样有黄天荡的记载,图中葑门外徐公桥东的位置写着:"此河东通金鸡湖东,南达黄天荡。"

高元宰编绘,文怡书局1928年1月初版、1931年5月再版的设色铅印版《袖珍苏州新地图》,左下角是全境图,注记了数十个湖泊的位置,其中黄天荡正上方就标有荷花荡,两荡东部有金鸡湖、独墅湖、尹山湖,似呈拱卫之势。该图附的中英文《游览指南》文字中有:"荷花荡,葑门外东南七八里,即黄天荡。"这是首份出现彩色建筑照片并详尽标注苏州城周边各处湖泊的苏州地图。其后,日本东京名所图绘社1938年6月刊印的《最新苏州地图》,其实就是照抄了高元宰所编绘的《袖珍苏州新地图》。

高元宰编绘,文怡书局1943年10月版的《最近苏州游览地图》是1928年1月版的第三版,但是错误却超过初版。这一版同样有全境图,图上依然标记黄天荡正上方是荷花荡。地图下有《最近苏州游览地图概说》,还刊登了十一幅商业广告,包括餐饮、住宿、印刷、买书、医务、保险等类别。

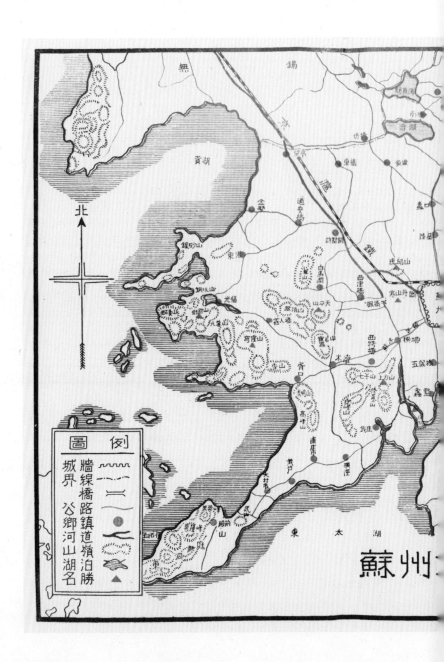

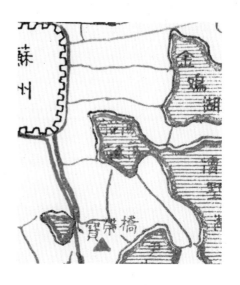

交通圖

1949 年 1 月,《最新苏州地图》由大公书局再版,图中黄天荡、荷花荡的注记都与 1928 年 1 月初版的《袖珍苏州新地图》一般无二。

1949 年至 1966 年的苏州地图比较粗糙,且并没见到黄天荡与荷花荡的踪迹。直到苏州园林旅游服务公司 1978 年印刷的《苏州市旅游图》和江苏人民出版社 1985 年 1 月出版的《苏州旅游图》上,才又有了黄天荡的标识,但是其面积已经小到可以忽略,与周边的金鸡湖、独墅湖不可相提并论了。荷花荡不见了踪影,市民喜闻乐见的赏荷雅事,转移到了远离古城的太湖之滨以及位于相城区的荷塘月色湿地公园。

在那里,赏荷又有了新的方式、新的故事。

荷
影

画上荷花和尚画

潘文龙

先讲个段子。据说明代有位僧人画了一幅荷花,请苏州才子唐伯虎题字。唐伯虎题了一句:画上荷花和尚画。放下笔,他得意地说,这是回文上联,正念反念都是一样的。于是,这半句对联就成了绝对,直到200多年后,清代翰林李调元对上了:书临汉帖翰林书。

和尚爱画荷花一点都不奇怪,因为荷花与佛教有天然机缘,它是佛教中的圣物,是清净、不染的象征。佛经中常称佛国为莲界,把寺庙叫作莲舍,僧人穿的袈裟称为莲服,僧人持的手印也被称为莲华合掌。古来画荷最厉害的三个人是徐渭、八大和石涛。三个人中,有两位正式出家做过和尚;还有一位徐渭,虽未受戒,但是一生参禅,个性狂癫,骨子里也是亦儒亦释的。有人做过统计,八大山人一生所作的花鸟画近700件,荷花题材作品就占了七分之一。由此可见,作为曾追学曹洞宗的画僧,八大山人一辈子爱荷、吟荷、写荷、画荷,荷花已是他艺术生命的化身。

一

严格意义上说,八大不是僧人,或者说,他曾经是僧人。他的身份太复杂了,标签可以写一堆儿:明王孙后裔、遗民、僧人、道士、遁世者。最终当然以画名留于世,更多地停留在画僧的形象上。美术史上将其与弘仁、髡残、原济(石涛)一并称为"清初四僧"。

032

新花新蕊添新派
偏称晓风花气长花捧
胆瓶烧蜀贯叶餘水菖
矍鸯鸯 济 苦瓜老人

有清一代乃至晚近以来，八大声名赫赫，他以简括凝练的笔墨，荒寒孤峭的风格，在画史上留下了鲜明的印记。世人熟知的是他意境冷寂的山水和"白眼向人"的鱼鸟。而我，则更喜其笔端的墨荷。他的荷画，干净简练少有叶脉，浓淡干湿一任自然，性灵泼洒写意天真。从某种意义上说，八大以荷为托，为其写生画像，映照的全是自己。

有一年，在南昌青云谱的八大纪念馆，我看到几幅八大的荷花，一时被震撼到了。它们完全不同于我此前曾经看到过的那些柔弱无骨、文人气息十足又追求俗韵的荷画。这几幅画作的尺幅都非常大，足有八尺上下。荷花出水很长，几茎长梗，足有人高，傲然不群。如此长梗荷叶，除了陈老莲，很少有这么画的。而且，八大的线条一笔下来，铁划银钩，苍劲里带着几分不屈服，像极了他这个人的性格。荷叶浓墨写意，破碎凌乱，恣意纷扬，全不顾世人眼色。荷花却很小，简单勾勒几笔，不做更多刻画。八大的意思是，看花不是主要的，主要是看姿，看态，看整体的精气神。和陈老莲等人画的古意盎然、有瓶几怪石搭配的艳丽荷花不同，八大的荷花出水超尘，野气勃发，一看就不是世间凡物。

八大喜欢画野荷。给八大作传的清人龙科宝说，八大"初为高僧……往往愤世佯狂，有仙才，隐于书画"。画画只用生纸淡墨，他最擅长的是画松、莲和石。八大笔下的松深得后世吴昌硕的青眼，吴昌硕评价八大，说其"用墨苍润，笔如金刚杵，神化奇变，不可仿佛"。

龙科宝记述了一个八大画画的故事。当时八大居住在北兰寺，经常在墙壁上画荷花和松树。荷花很生动，就是石多荷少。龙后来在一个熊姓朋友的酒局上见到八大，那个朋友对八大说："东湖里的新莲和西山宅边古松，都是我

近现代　张大千　荷花扇面

清　吴昌硕　荷花扇面

日常静观的良伴，你能画出它们的精神吗?"只见八大一跃而起，马上调墨，研磨了很长时间，一边转圈，一边画画；画了一半，搁笔审视一下，然后再画。画完后，他痛饮酒说:"我已经尽力了!"两人看去，八大的画作果然传神，松画得老劲苍虬，而莲花更好。

龙科宝说"胜不在花，在叶，叶叶生动"。我觉得，这是对八大画荷最准确的描述。而且，由此可见，八大在未狂癫之时，和知己好友还是很愿意交流的，不是后人认知的狂狷之态。时人欲得其画，知道他好酒，就设宴邀请。席旁设纸笔，以及数升墨汁。八大酒酣耳热，自会欣然泼墨。他写字、画画时，绝对不是安静的，而是攘臂捏管，狂叫大呼，洋洋洒洒，数十幅立就。这让人不禁想起近世的傅抱石，他也是画画必饮酒，钤章曰:每每醉后。

二

细观八大画的水墨荷，突出的特点是奇绝、静穆、简空。

奇绝。自陈老莲的荷花配了鸳鸯以后，后世画者皆模仿，给这君子之花增添了几分喜庆祥和。而八大偏不，他的荷花配的是鸭子，往往一只，孤独地蹲在石上，冷冷地看着这个世界。有时候，是两只。一幅取名《荷塘双凫图》的画上，荷花被挤在一侧，主视觉上一高一低两块崖石，上下两只野鸭对望，凝视，似友如侣，无言静对。

有人说，中国写意画法的双璧"青藤白阳"，影响了中国画坛 400 年。其中青藤即是大写意花卉开拓者之一的徐渭。从清初的石涛，到扬州八怪，乃至近代海上画派的赵之谦、吴昌硕，以及现代的齐白石、潘天寿，无不受其影响。这

清　朱偁　荷塘双鸟图

清　赵之谦　花卉条屏

当中,自然也少不了八大山人。我个人觉得,八大和徐渭的精神血脉更加联通、直承。两个人都有狂禅的潜质和外在表现,从纸面笔墨到心灵的抒发,莫不如此。徐渭锥刺耳朵,发疾狂呼。八大返俗后,中间也有一段疯禅期。他有口吃,有时画上钤印"个相如吃",后来干脆不说话了,大书一个"哑"字贴在门上。与人猜拳,输了就喝,酒量不大,醉了,或作画,或唏嘘下泪。

徐渭代表性的《杂花图册》,分别画了牡丹、石榴、荷花和梧桐等13种花木。信笔纵横,浓淡枯湿,如疾走乐章,越到后面,越加狂放。八大也有十六开的《书画册》传世。之四是荷花小鸟,两朵下垂的荷花,墨涂涂的似荷非荷,一只小鸟立于石上,上下呼应,别无他物。无环境,无背景,天地之外无我,一派静穆之态。

又如,他的《安晚册》里,有一幅荷花藏在叶里,大片荷叶包裹,花呈入睡之态,信手得来,闲致毕现。《墨荷图》里,左上一枝小荷尖角,一线冲天,荷角上翘;右下两团浓淡墨气氤氲,说它是荷叶也好,岸石也罢,总之稳稳地压住了一角,观之气韵生动。正如徐渭所说的:"大抵绝无花叶相,一团苍老暮烟中。"而这种用笔的简练,借用八大自己的话说,是"廉"。用笔简洁,惜墨如金,"以少少许胜多多许"。唯其画风极简,才有了闲疏旷达冷逸的神韵。

随手翻看八大的画册,无论是《杂画册》,还是《荷花图册》里的荷花,都能感受到作品里的简空。禅宗里说,无不是有的结束,而是有的开始。八大的笔墨中沉积着一种"空"的意象,荷花图里的八幅画,是中景取景的荷,空灵通透,荷叶有筋,署名传綮,当是他三四十岁的中年时期所作,有些许的文人气息,洒脱不拘,线条飘逸。可能因为他那时处于修佛时期,整个画作呈现出一种澄明透彻的空境。这个空,是从早年皇族的灭亡与仕途的无望转来,又面向未知的

明　徐渭　杂花图册

未来求向释教,在灵魂得到寄托后的一种空明和暂时的安静。

何绍基曾经在一幅题画诗中这样评价八大山人:愈简愈远,愈淡愈真。天空壑古,雪个精神。

<h2 style="text-align:center">三</h2>

很多人说起八大山人,往往都绕不开他的铜驼之悲,愤世之慨。而最能表现他奇宕人生的,应该是一幅名为《河上花图》的巨作。他把所有的秘密都隐藏在画图中,就像他用了很多"涉事"的题款一样。

有研究者发现,八大山人的题名可以分为两个阶段。第一阶段是八大60至70岁这一时期(1685—1695),他把"八大"的"八"写成尖锐的两点,似乎像"哭之"。大半生颠沛流离,亦僧亦道,亦出亦隐,看惯世事浮云,人世白眼,悲从中来,"墨点无多泪点多"。第二阶段是八大70至80岁这一时期(1695—1705),他把"八大"的"八"写成弯折的两点,似乎像"笑之"。后人把哭之笑之当作八大冷眼观世的简单行为,其实它们还更多地包含了八大曲折人生与艺术理念相互塑造相互阐发的意义。

因为,从65岁起,八大已经进入书画自我成就的自由状态了。69岁之前,他的画题都是"八大山人画";70岁后,改为"八大山人写"。写与画,一字之差,含义有境界之别。八大自己说对写法与画法的转换,写了很多题跋,意在强调自己的"骨法用笔"。它远远超越了古代绘画规则模仿自然的"应物象形",也超越了丹青涂色的"随类赋彩",还超越了传统章法布局的"经营位置",仅次于绘画艺术的最高境界"气韵生动"。

同时代的石涛,作为与八大有同样的身世之慨的画僧,与八大惺惺相惜,说:"眼高百代古无比,书法画法前人前。"

回到《河上花图》。这是迄今为止少见的画荷巨作。引首有民国大总统徐世昌题的"寒烟淡墨如见其人"。如果说徐是有一定文化修养的高官,但此刻他似乎不完全是八大的知音。寒烟,尚可以荒寒意境解读,那么淡墨就流于表面了。八大此画,岂止是寻常淡墨,简直是浓淡相融,富于节奏,张力开合,整体气势磅礴,笔势跌宕起伏,构图疏密相间,用墨苍中见润,神完韵足,蔚为壮观,弥漫着宇宙间的生命激情和生动气息。

康熙三十六年(1697),那一年,八大已经72岁,他住在江南,花了4个月的时间,自春徂秋,伴着荷花的生长荣枯,画了这幅13米的长卷,送给自己的学生蕙岩。把荷花画得磅礴、雄壮、险绝、张扬,古往今来,只有八大一人而已。

《河上花图》宜分成三段来看。起首从生机勃发的荷花开始,一枝一叶的初长,到花叶竞发的繁茂。越过清丽的山坡,整个视野里都是满塘满谷的荷花。这是人生的初始。19岁之前的朱耷,是明皇族后代,锦衣玉食自不必愁,遇见美好的自己,青春勃发的青少年,谁会想到明天与意外?直到1644年,李闯北上,清军入关,家国变乱,天崩地裂。

随之,画卷转向峭壁山崖与枯木乱石,用笔凌乱,写意渐浓,荷花在山石与荆棘丛中坚韧生存,陪伴它的是孤兰衰草与夹生竹叶。23岁,心如已灰之木的八大遁入山林,剃发出家。他参禅悟道,主持介冈灯社,企图从青灯古佛中寻求慰藉。但是,他内心并未死去,画作上钤印"西江弋阳王孙",签押的花体上还可隐约看出"三月十九"字样。三月十九,这一天,正是崇祯上吊自杀的日子。这

人其見如墨澹煙寒

清　朱耷　河上花图

一段,好长,好长,仿佛印证的是八大出禅、入世、疯癫、求道、觅友的潦倒经历和曲折心路。

长卷最后,荷花不见了,连听雨的枯荷、经霜的残叶都没有,只有高涧瀑流,远山空谷。枯荷冷寂的枝叶,这些仍然是中年后的心境。对早就看透世事风霜的八大来说,一切都过去了,如雨洗过的天空一样明净,如空谷无人般静远。这是看山还是山的意境,这是观荷自在心的澄怀。正如八大自己在题画中所说:实相无相,一颗莲花子,吁嗟世界莲花里。

值得一说的是八大山人的题画诗《河上花歌》。诗作曲折隐晦,亦佛亦道。他在诗中假想自己与诗仙李太白对话,阐明自己画荷花的动机,以及对荷花的评判。"馈尔明珠擎不得,涂上心头共团墨",表达了涂墨画荷的趣味。将生命寄于荷,不管是从艺还是礼佛,无论是入道还是从俗,八大悟出其实都是"实相"与"无相"的结合。也许只有超越一切,不执一隅,如同李太白一样,出儒入道礼佛,最后留下的不外乎诗画而已。

高柳垂阴,老鱼吹浪,留我花间住。读八大的画,不禁让人真有入画与花同住之感。一个不以荷为命的画家,是不会用生命去绘制荷花的。

画上荷花,留下的是千古不灭的精神。

附录:《河上花歌》

河上花,一千叶,六郎买醉无休歇。万转千回丁六娘,直到牵牛望河北。欲雨巫山翠盖斜,片云卷去昆明黑。馈尔明珠擎不得,涂上心头共团墨。

蕙岩先生怜余老大无一遇，万一由拳拳太白。太白对予言：博望侯，天般大。叶如梭，在天外。六娘剑术行方迈。团圞八月吴兼会，河上仙人正图画。撑肠拄腹六十尺，炎凉尽作高冠戴。

余曰：匡庐山，密林迳。东晋黄冠亦朋比，算来一百八颗念头穿。大金刚，小琼玖，争似画图中。实相无相，一颗莲花子，吁嗟世界莲花里。还丹未？乐歌行，泉飞叠叠花循循。东西南北怪底同，朝还并蒂难重陈，至今想见芝山人。

蕙岩先生嘱画此卷，自丁丑五月以至六七八月，荷叶、荷花落成，戏作《河上花歌》，仅二百余字呈正。八大山人。

荷画四人谈

姜竹松　姚新峰　吴晓兵　阿丁

访谈人：小遇　时间：2022年荷月

姜竹松　苏州大学艺术学院院长、教授，第三届全国艺术专业学位研究生教育指导委员会委员，苏州市美协副主席。作品参加多届全国美展及国内外重要展览，曾获全国水彩、粉画展优秀奖。

姚新峰　中国美术家协会会员、国家一级美术师、江苏省中国画学会理事、江苏省艺术专业高级资格评审委员会委员。作品曾入选多届全国美术作品展览并多次获奖，出版有多种画集。

吴晓兵　苏州大学艺术学院教授、硕士生导师，中国动画学会会员，中国流行色协会会员。出版有多部著作和插画作品。

阿丁　广播节目主持人，画家，师从花鸟画大师吴冠南先生。现为苏州美术院特聘画家、苏州民进书画院画师等。作品多次参加全国联展并获奖，出版有多种画集。

姚新峰：在我所有的创作题材里面,荷花是重点表现的一个题材。荷花寓意很好,比如,人们认为她有高洁、清雅的品质,认为她代表吉祥……从古到今,表现荷花主题的优秀作品各式各样、层出不穷。我觉得荷花一年四季里面都有她的美。很多人认为看荷花就是在夏天她盛开的时候,其实秋荷、冬荷也都非常美。我最喜欢的是冬天雪后的残荷,错落干枯的莲蓬和莲杆上存留着些许白雪的景致,那真是有味道。

阿丁：荷花是意蕴很丰富的一种花。阳光下的荷花,狂风暴雨中的荷花,情态都是不同的……夏天的荷花,是蓬勃向上的;秋天的荷花,结出莲子了;冬天的残荷,只有杆子了,可是,就像姚老师说的,如果有雪堆在上面,就十分适合入画了……荷花一年四季都是有生命的,画不同季节的荷花、不同状态的荷花,可以表达的心情、思想,都是不一样的。

姜竹松：阿丁你说画荷可以表达不同的心情和思想,我很赞同。有一年夏天,独墅湖边上一片野池塘里长满了荷花,当时那里还很静僻,正好又刚刚下过一场阵雨,我独自一人在那观察荷花盛开的池塘,阵阵缠绵的知了鸣叫声和荷叶表面冷冷的绿色形成交相呼应的音与画,让人沉浸其间,环境反倒是显得特别幽静。回来后,我便画过一幅画,用了一组冷色处理画面的调子,荷花用了整个画面中最暖的色——花瓣的粉紫、冷红与花心的暖黄、嫩绿形成小面积的强对比,成为冷色画面的视觉中心。除此之外,还有荷叶上凝积滑动的水珠、微风撩抚水面的倒影。

关于残荷,我也谈谈我的感受。荷塘中枯萎残败的荷叶是一种残荷,苍劲有力、勃勃生长的荷叶上的虫洞，同样也会让人体味到另一种"残"的滋味。我在画荷叶时，有时会有意识强调虫蛀的洞孔，展现荷叶残破之美。当然，我也画深秋荷塘的枯叶，赋予枯荷残叶一种生命的解读。有一段时间，我比较喜欢用超现实主义手法突破时空的限制，有时将枯黄残败的荷叶与鲜花盛开的荷塘并置交织于一个画面之中，有时让鲜嫩的绿叶小草和干枯的荷叶在同一画面中共生呼应，让新生与衰亡、雄健艳丽与苍老残缺并置、对话，形成强烈对比，引发关于生命与生存价值的思考。

姚新峰：影响我以荷花为主题进行创作的，是我观察和体悟荷花从新生至衰亡的过程。

姚新峰：大概在 20 世纪 80 年代初，那个时候我 20 多岁，才开始学画。一个夏日，我到乡下去采风，见到一方荷塘——那个时候荷塘很少，我看到荷塘里挺出一支支初放的花朵，很是漂亮，于是在河

吴晓兵：姚老师您是从什么时候开始画荷的呢？

岸上席地而坐，远远地对景写生。几个孩童正在附近玩耍，他们好奇地围过来看我作画，并主动说："要不要帮你摘几朵花，看得更清楚些。"这正中我下怀。结果他们踩着水，下到那荷塘里面，摘了好几朵花递给我，摘的都是含苞待放的花。我赶紧把花带回家，插入大号的空糨糊瓶里面，对着不断变化的荷花从多个角度练习写生。花开放得很快，花瓣一会儿就舒展开来，不久，花瓣就一瓣一瓣逐片掉落。这一过程发生得很短暂，可能是因为花朵离开了枝干和根系，营养不够吧。那次简单的经历给我留下了很深的感触和印象。自那以后，我时不时会画一些与荷相关的作品。

姜竹松　夏日双莲　水彩

吴晓兵　水润万物　布面丙烯

阿丁: 我自己创作荷花时,感受到在某一阶段、某一个地方的荷花能和我当时的精神、情绪比较契合。姚老师您在学画之初,在乡下荷塘与荷花的相遇,很有意思。

姚新峰: 回想起来,孩子们给我摘的花处在她最好的时间段——正好是即将开放的时候;然后就像同时发生一样,快速凋谢了。我就感觉凋零的荷花也是很美的。那些花瓣掉下来,渐渐萎缩。我不断地画——不是画一个瞬间,而是画很多瞬间,来表达整个过程。然后我把速写的几张荷花放在了花鸟画作品里面。其中有一张,我画了玻璃缸里的昂刺鱼,又画了一个汉代陶罐,陶罐里面插了几支荷花,桌面上有几片掉落的花瓣——画出了我自己所要表达的想法和意境。结果,那幅作品入选国家级展览并获奖。从那以后,我就常常画昂刺鱼和荷花。我创作的许多人物画、风景画,都把荷花作为画面中的重点组成部分,往往把这些人物、风景与荷花结合在一块来表达,因为我一直追求人、物、景相融相合的画面形式。

吴晓兵: 姚老师说到用荷花来练习速写,让我想起在大学时期学习花卉图案课程——荷花是花卉图案创作中常用的题材,因为荷花是我国传统民间文化中一种重要的吉祥纹样,它的寓意丰富,使用范围也很广。

姚新峰: 用我们绘画的语言来说,荷花的点、线、面特别丰富:一张荷叶也就是一个面,同时也是一个大的点;一个莲蓬,是点;杆子都是线,而且还是千变万化的。点、线、面,黑、白、灰的对比关系,疏密、曲折等穿插关系,都是我们绘画过程中常要考虑的。画者在画荷花时最容易找到、体悟到这些方面的元素,并获得创作的灵感。

姚新峰：我还想谈谈荷花的色彩。在一般人心目中，荷花不过是绿色的叶衬托着红色的花朵。其实你仔细观察的话，荷花里各种各样的色彩都有，而且你还可以发挥自己的想象。你若想象出什么颜色，你在现实的荷花中间基本上就能找到这种颜色。你可以把它表现出来，然后继续发挥、强调、夸张，甚至是抽象、变形都可以。

姜竹松：2010年，我在上海刘海粟美术馆办过一次个人展览，那次展览我拿的全是红色的画——70多幅画全部是不同的红色。比如将鲜红的鸡冠花与废旧的工业产品画得缠绕在一起，形成一种相互纠缠、争斗的架势。实际上，无论是象征生命新生、重生的红色，还是人类工业废弃品与自然花卉之间的共存互争，它们与超越时空并置于画面中的艳丽荷花、残枝败叶一样，都在"对抗"与"矛盾"之中叙述着关于"生命"的故事。

吴晓兵：姜老师特别关注两极的东西。

阿丁：是的，我们中国画讲究干湿浓淡，讲究阴阳、多少、开合。荷画全都能体现。

关于色彩，姜老师的花卉用色就很有特点。

姜竹松：是的。生与死，新生与衰老，东方的和西方的……我想把它们放在一起，形成矛盾的共同体。我画过一组四条屏的《荷》系列作品，画面用的是中国画的图式结构，塑造用的是西洋画的色彩和光影。如果从形和画面的结构来看的话，完全是用中国画的方式在画，但是我又注重光影，用三维的、立体的、空间的方式表现，留有比较多的空白，但只是将

姚新峰：这就有了自己的味道。我也是追求与众不同的那类人。另外，关于西方和东方的艺术，其实我们中国的传统绘画很早就和西方有交融了。清代的清供图跟西方的静物图其实是很相似的。西方会把瓶瓶罐罐、花木，甚至把动物一起放在台子上面画静物，这种画可以说也是一种清供图，所以我觉得这类东西看看也蛮有味道的。我也学过西画，在中国画创作中我也运用一些西方的能为我所用的色彩知识和经验。因为我们传统的绘画色彩强调"随类赋彩"，比较单纯——当然单纯的色彩也非常好，但是色彩丰富的未必不好。我们在创作中，各式各样的探索实践都要去尝试。写生、临摹、创作，我是把三方面结合在一块，穿插着不断地练习。你一味搞创作，不看人家的，也不写生，肯定是很难提高的；光写生也不行；光临摹就更不行，这样仅能学一点古人和其他人的技法而已，很难成就真正的自己的作品。

白变成了黑。我这些年画水彩画比较多，水彩画属于西洋画，但水彩画在水的特性表达上与中国水墨画有许多相通之处。我的水彩画中，很注重中国画的范式和精神意涵，有时体现在主题寓意中，有时体现在画面的结构营造和用笔意趣之中。我画得比较写意，注重画的意旨趣涵。

吴晓兵：这种借鉴、碰撞、尝试可以是多方面的。除了创作，还有展陈。当代艺术关于展陈方式有着全新的理念，每件作品和作品所处的场景空间，和观看作品的人都联系在一起，它们是一个互动的整体。作品的意义在此互动中产生，缺一不可。在日本濑户内海的直岛上，有一个美术馆，叫地中美术馆，这个美术馆大部分建筑都在地下。那里收藏了五幅莫奈的《睡莲》。美术馆的外围被打

姚新峰　又见江南雪　国画

阿丁 荷趣 国画

造成莫奈花园的样子,让你在看到作品之前就开始体验作品所特有的场景气息……这样的方式把想象力全部打开了。当你走近莫奈的《睡莲》,你看到的不再是单纯的睡莲,还有水、天空和季节,此时此刻,时间、空间融为一体。这是当代艺术场域观念引导出的美感体验。

阿丁:江南的荷花也能形成一种场域性。我生长在苏州,从小就听爷爷说黄天荡赏荷花的故事(那个时候我小,没见过)。我自己见过的荷花荡有荷塘月色的、沧浪亭的、唐寅祠前面的,还有太湖边上一大片一大片的荷花……荷花,加上诗词、书画,这就是江南了。

吴晓兵:所以单纯谈荷花、谈季节还不够,还要谈水文化。

姜竹松:江南人和江南文化的本质就是水。

阿丁:江南人的荷花画作大都润润的,就像江南的天气一样。能让人感受到画面中的水比较充沛,流动感很强。

姚新峰:我的作品就是要能让观众从中体会到江南的味道,让观众同时能体验到江南湿润、清新、自然而然的画面感。

姜竹松:水和柔弱的荷花相关,又能和坚硬的石头联系起来。我在创作《太湖石》系列作品时,就力图用水造型,而不是更多的依赖画笔,这个与太湖石的形成是因为大自然的风化与水的侵蚀正好相契合。当然,这也体现了中国哲学中天人合一、人物与共、互生互息的思想,这也正是太湖石的人文精神所在。

姚新峰：有画友说我创作是以不变应万变，其实我每创作一幅新的作品，总是在探寻一些不同以往的表现方式，以求突破。前不久我创作了一幅大的荷花线描作品《馨》，这幅作品近两米高、五米宽，是由十张独立成幅的竖式画面组合成的。

阿丁：水的流动是莫测的。中国画讲究"笔笔生发"，说的就是这种莫测。你每画一幅画，都是不一样的，这是它的魅力。画的这一笔浓了，下一笔就淡一点；这边弯过来了，我一定让下一笔朝另一边翻转。跟写文章、做音乐一样，绘画也是要有一个节奏的，它不断地推动你完成作品，推动你表达思想。

吴晓兵：您说的是绘画者的表达，这里我想说说观者。因为什么呢？我有个感触，就是创作者想表达的，可能并非观者感受到的。我在近期创作了《无解》系列作品。创作中，我在做减法：减去画面的方向、构图、主次等复杂的关系，我想以一种单纯来呈现一种不可名状的心理感受。我觉得艺术语言不仅要有感而发，更要简单干净，把更多的空间留给观者去体验。同样，传统文化中荷花的形象常常被符号化、定义化，而当代艺术家众多的优秀作品却赋予了荷花更为丰富的视觉内涵。

姜竹松：后面的创作，我准备试一试花与石头的组合。至于怎么去解读，其实也不那么重要，仁者见仁，智者见智，画是由观众解读的。

你未看此花时，

此花与汝心同归于寂；

你来看此花时，

则此花颜色一时明白起来，

便知此花不在你的心外。

《传习录·卷下》

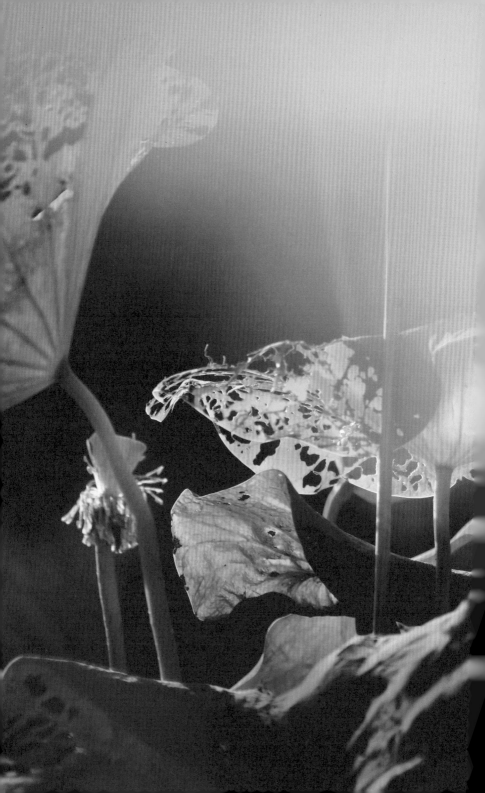

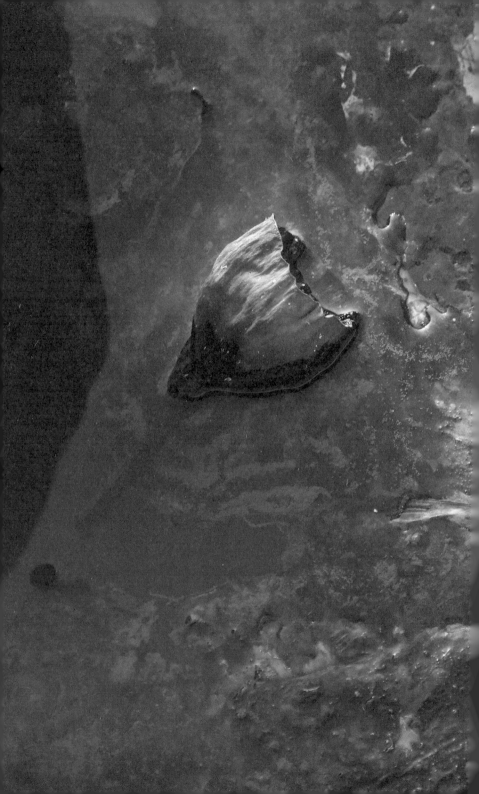

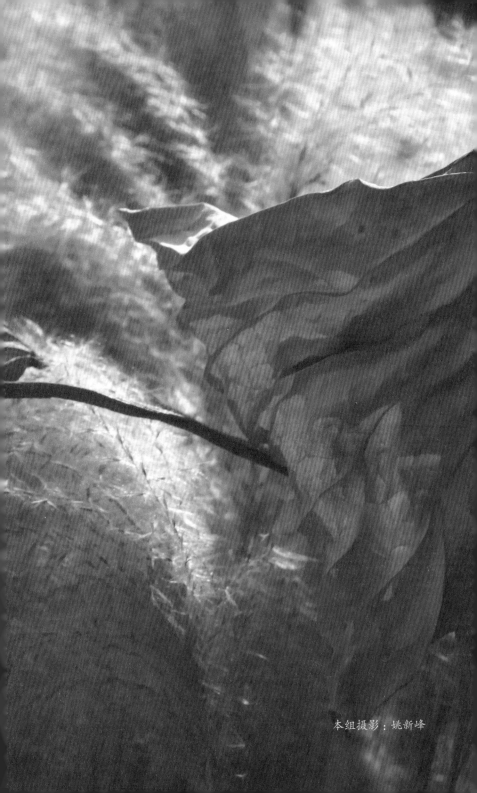

本组摄影：姚新峰

诗形画意咏荷韵

周晨

《毛诗·大序》载:"诗者,志之所之也。在心为志,发言为诗。"

诗歌是语言的艺术,有节奏、有韵律,是一种抒情言志的文学体裁。闻一多在《诗的格律》一文中提到:"但是在我们中国的文学里,尤其不当忽略视觉一层,因为我们的文字是象形的,我们中国人鉴赏文艺的时候,至少有一半的印象是要靠眼睛来传达的。"

图形诗是诗歌中的别裁,属杂体诗一脉,作品超越语言,充满智慧,趣味盎然。图形诗将诗与图形结合,让诗歌语言媒介与绘画视觉媒介交融,时间艺术与空间艺术走到一起,打通了文字与图形在阅读时各自的优势与局限。观者在阅读的过程中能体会到形态的美感与游戏的乐趣。诗歌的内在阅读线索与图形构成的视觉外在形态合而为一,诗画合体,两者互相彰显,相辅相成。朱光潜《谈美》中写道:"艺术的雏形就是游戏。游戏之中就含有创造和欣赏的心理活动。"

在史料中,我们找不到"图形诗"一词。《文心雕龙·明诗》中载:"离合之发,则明于图谶;回文所兴,则道原为始。"算是较早的相关论述了。图形诗以汉时苏伯玉妻《盘中诗》为开端,后来东晋苏蕙的《璇玑图》名扬天下。历史学家范文澜在《中国通史》中说:"十六国长期战乱,文学几乎绝迹。……虽然如此,还有悲壮的《壮士之歌》和奇巧的《璇玑图诗》两篇遗留下来,也不妨说是以少为贵了。"诗人翟永明少时就读过《璇玑图》,她认为:"这样一种创作想象来自女性情感和女性智慧,也来自女性自身观察和感悟世界的视点。是与男性主流创作完全不同的一种审美体系。从古至今,《璇玑图》都会是独立于文学史之外的一个文学事件。"相传唐太宗李世民也曾作《回文图》,宋代桑世昌所编辑的《回文类聚》集大成且有文献价值,苏轼的佳作《远眺》被看作神智体中的经典作品,吴门四家之一的唐寅创作过回文诗,仇英曾绘彩色《璇玑图》,清代编辑《回文类聚辑续》的朱象贤是苏州吴县人,创作《回文片锦》的童叶庚晚年生活在苏州朱家园一带。特殊的艺术形式,既可供娱乐,又可益智,被历代文人士大夫所钟爱。

清代可以说是图形诗创作的高峰,留下了不少专著,如万树作《璇玑碎锦》六十幅,张潮作《奚囊寸锦》三卷一百幅,李旸作《璇玑碎锦·春吟回文》五十五幅,华彬作《兰湄幻墨》一百二十八幅,童叶庚作《回文片锦》十幅,其中不乏以"荷"为题材的作品。

◎《回文类聚辑续·璇玑碎锦》中《莲房图》,图中七个藕眼对应"露冷莲房坠粉红"诗句。七字分作十四个字,以半为起半为尾,以此类推,可得诗七首。识读如下:

路转西溪,舟回南浦。

翠盖摇风,圆珠绽雨。

令节重七,高楼试登。

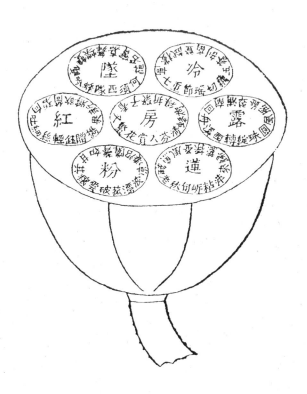

菂剖苍玉,藕切瑶冰(冫)。

连旬秋老,鲤鱼风蚤。
采薏归来,萍粘岸草(艹)。

方赏花繁,又看子聚。
折得荷蜂,清芬入户。

队队蜂吟,双双蝶舞。
嘉实名葩,何须西土。

分破云穰,其甘如荠。
邻沼凄凉,波漂菰米。

丝(糸)轻丝细,吐向碧筒。
欲将新果,携赠钰工。

◎《奚囊寸锦》第七十二页《并蒂芙蓉》

七言绝句八首,"芙蓉"二字彼此借读,此首第一字即彼首尾字,首尾顶针续麻。识读如下:

郎托琴心曲曲湾，夜奔妾已不思还。
芙蓉帐底芙蓉脸，映得蛾眉似远山。

山水虽然是胜场，何如仙界任翱翔。
芙蓉城里芙蓉主，纵跌无人笑石郎。

迎夏经秋两擅长，分居水陆各芬芳。
芙蓉镜里芙蓉兆，及第才知姓字香。

香艳妖娆两两行，丁公俭素忽峥嵘。
芙蓉馆内芙蓉宰，合有仙姬夹路迎。

侯国何方是锦城，成都雅擅锦官名。
芙蓉坪上芙蓉朵，五色交加赛紫琼。

琼室瑶宫花萼楼，太平天子擅风流。
芙蓉阙下芙蓉汁，调剂龙香即墨侯。

收得名笺数百张，却愁霾月点班黄。
芙蓉纸上芙蓉粉，养就深知翰墨香。

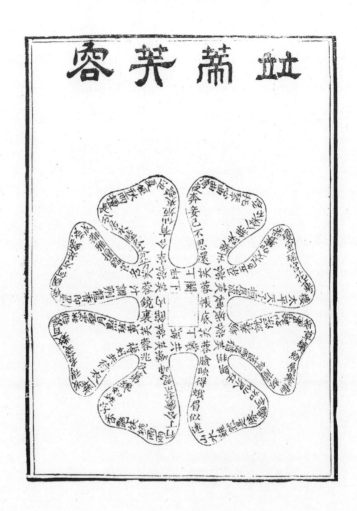

香草缤纷属骞修，纫兰佩芷两夷犹。

芙蓉裳共芙蓉裙，好共荷衣一样收。

（"迎""妖""荷"刻印有误，此处进行校正。）

◎《兰湄幻墨》第四十七图《藕片·闻琴擘藕》

《玉楼春》二调，七言律二首，俱左右两旋读。外为《玉楼春》，一从"冷泉"句起，"暝烟"句止；一从"翠桐"句起，"碎萍"句止。中为七言律，一从"池藕"句起，"辞夏"句止；一从"菱采"句起，"曾末"句止。识读如下：

《玉楼春》二调

冷泉流月窥萍碎，娇荷着雨催花坠。

整襟幽赏静弹琴，影怜初倦扶残醉。

省吟重识相思寄，声中谱化情中字。

听人留步小墙东，暝烟孤绕丝桐翠。

翠桐丝绕孤烟暝，东墙小步留人听。

字中情化谱中声，寄思相识重吟省。

醉残扶倦初怜影，琴弹静赏幽襟整。

坠花催雨着荷娇，碎萍窥月流泉冷。

片　藕

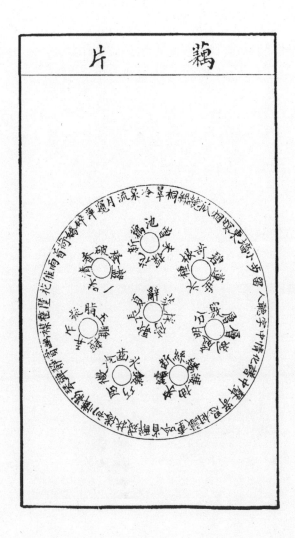

七言律二首

池藕新花探未曾，破香清味一盘登。

脂凝乍弄轻雕玉，齿冷微含巧镂冰。

丝断续来抽缕缕，窍分明处剖层层。

奇根种水垂莲碧，辞夏长歌停采菱。

菱采停歌长夏辞，碧莲垂水种根奇。

层层剖处明分窍，缕缕抽来续断丝。

冰镂巧含微冷齿，玉雕轻弄乍凝脂。

登盘一味清香破，曾未探花新藕池。

◎《回文片锦》中撰有《莲叶·采莲曲》

叶边七律，"慵妆"起，"昏黄"止，顺回读，二首。叶茎五绝用平韵，五古用仄韵，神智体读，二百八十四首。识读如下：

七律二首

慵妆越女花舟小，艳曲新歌爱夜凉。

浓露冷粘双腕玉，嫩荷娇抹一肌香。

重重翠叶低鬟映，瑟瑟红衣舞袖长。

容冶载归轻桨荡，白波湖上月昏黄。

蓮葉

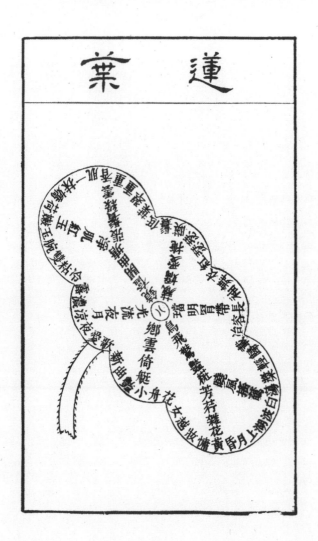

黄昏月上湖波白，荡桨轻归载冶容。
长袖舞衣红瑟瑟，映鬟低叶翠重重。
香肌一抹娇荷嫩，玉腕双粘冷露浓。
凉夜爱歌新曲艳，小舟花女越妆慵。

五绝　　神智体
小艇倚云乡，鸟飞惊艳妆。
晓风摇花白，芳荇杂花黄。

入以"凉月夜流光，长带冒明珰。映掩爱娇藏，镜奁开曲塘"四句，用阳韵顺回离合读，得诗五十二首。

映掩爱娇藏，镜奁开曲塘。
净肌红玉嫩，张鬓绿云香。

入以"凉月夜流光，长带冒明珰。小艇倚云乡，鸟飞惊艳妆"四句，用阳韵顺回离合读，得诗五十二首。

小艇倚云乡，光流夜月凉。
藏娇爱掩映，长带冒明珰。

入以"鸟飞惊艳妆,镜奁开曲塘"二句,用阳韵顺回离合读,得诗一百二十首。

五古　神智体
乡云倚艇小,妆艳惊飞鸟。
黄花杂荇芳,白花摇风晓。

入以"光流夜月凉,珰明胃带长。镜奁开曲塘,映掩爱娇藏"四句,用葼韵顺回离合读,得诗三十首。

藏娇爱掩映,塘曲开奁镜。
香云绿鬓张,嫩玉红肌净。

入以"光流夜月凉,珰明胃带长。鸟飞惊艳妆,小艇倚云乡"四句,用敬韵顺回离合读,得诗三十首。

◎李旸作《璇玑碎锦·春吟回文》中有雷文印《书斋四时》,其中"夏"篇有描写白莲之诗句。螺纹读。从中左旋至外,借上句尾半字读,即以春、夏、秋、冬四字为四篇首字。识读如下:

夏屋萧闲卓午凉,小窗高卧等羲皇。
白莲蘸雨妆弥靓,青篠吟风韵亦香。

計載相忘不世情
心泉流韻奏笙檻
勞石晴華明媚展
事拍下春曉有書
無催兩微熏餘花
間聲語鳥山清自
傾頻酒畫讀亭落

首吟自改自開樽
詩應擬謝花村搖
百泉喧雌黃江上
誇夢無秋來坐
漫蝶寂巷門一楓
捷飛驚不馬軒初
繁正菊前庭傴落

穩事從容更不妨
栖吟風韻亦香永
幽篠涼窗高臥帷
地靚午夏屋等消
此彌卓聞蕭羲棋
知妝兩蘸蓮皇一
章千木賦還占局

味許旁人賮馥霑
郎閣流雪正嚴向
周雲簾纖還見盛
愛沸捲冬日兩時
風初不香焚飛輕
松湯活火爐簪曳
籤題靜舍精營組

日永惟消棋一局,口占还赋木千章。

早知此地幽栖稳,心事从容更不妨。

这些作品都围绕"荷"这一主题,图形上有花、有叶、有蓬、有藕,可见古人对于"荷"的偏爱;创作手法有神智体、顶针续麻、回互等,技巧高妙,诗图高度结合,可谓用尽心思。

《奚囊寸锦》前有罗舜章序,他认为此作是"张先生抽秘骋妍之作,而游闲遣兴之书也"。顾彩序则写道:"张子心斋,示余以《奚囊寸锦》,图凡百种,天文、地理、文具、器用、花鸟,形象各异,荒忽变幻,不可终穷。诗则古律绝句回文,词则长中小调曲子,诸体咸备。要之义以象起,词与题称,不悖不泛,皆成合作,其巧一也。其字句之盈缩,皆随物象之大小方圆而布置之,可以横读倒读,或屡犯而不厌其重,或割裂而不觉其碎,若其转关斗角,彼此互借之处,亦皆如天造地设,非有意于雷同者,极之千变万化而不离其宗,其巧二也。至其取象于物,物所应有一定之字皆令摄入句,毫无痕迹,如易图则用筅卦名,棋局则安势子,与算子药囊之类未易殚述,其巧三也。"《兰湄幻墨》由曲园俞樾题签并作序,其称:"此书钩心斗角,剪月裁云,其神妙真不可思议,文字之奇一至于此。"

西方也有类似的视觉诗。古希腊诗人阿拉托斯的手稿书中,《狗》展示了西方文字游戏的图形排版效果。英国诗人乔治·赫伯特《复活节的翅膀》试图以文字排版的图形来暗示内容,有飞翔之意。西方现代主义时期的视觉诗中,法国诗人阿波利奈尔是代表人物,他在 1918 年出版诗集《图画诗》,中国引进并翻译出版了《阿波利奈尔精选集》。约翰·霍兰德的《天鹅与倒影》,诗文图案排列成水面上的天鹅和水中的倒影,充满了空间的美感。

我们身处视觉文化快速发展的时代,图像化、视觉化成为潮流,想象被不断刷新。无论中西抑或古今,图形诗、视觉诗,都表现出强烈的实验性。苏轼曾评王维:"味摩诘之诗,诗中有画;观摩诘之画,画中有诗。"中国人一直在追求这种"有意味的形式",传统图形诗在表达与呈现上其实已经走到了某个方向的极致。

荷
味

荷意如此

苏眉

汉乐府里那首《江南》，已深入中国人骨髓，"江南可采莲，莲叶何田田。鱼戏莲叶间"，把鱼米之乡的丰饶情致，演绎得开阔清远，又不动声色。江南就是这样，人间盛景，满目繁华，都在低吟浅唱里一笔带过。

曾经风靡一时的乐队Secret Garden（神秘园），有首单曲 Lotus（《莲》），很好地诠释了西方人对于古老东方的想象，神秘、幽远、脆弱中的坚韧，宁静直指人心，到最后也有绚烂桥段，因为过眼的荷塘盛景颇多。这曲旋律，假如和电影《末代皇帝》营造的宫廷后花园，以及月色下的荷塘融在一起，定会变成旧画里的荷塘，是高古的、款款的礼乐风景。

相城因为有荷塘月色，所以一直有为荷花仙子过生日的风俗。有那么几年，在荷花生日那几天，荷塘月色里会有一些苏州文人聚会，以荷花为由头。有几个情境是很令人难忘的，比如在将逝未逝的晚霞里，乘舟穿行在一望无垠的荷塘里；又在最后一抹天光里，串游在缀满莲花的栈道上，一路走到湖心的茶楼吃荷花茶。我记得有几位德高望重的老师各摘了一顶荷叶戴在头上拍照，像天真的大孩子。一路景色，"梦幻得令人恍惚"。这样的体验，只要荷塘月色在，年年都可以有。

荷在中国人的文化里有着特别的地位，如同一尊佛有无数的分身，所谓菩萨千面，看它的别称就知道：莲花、芙蕖、芬陀利花、水芝、水芸、泽芝、水华、水旦草、芙蓉、水芙蓉、玉环、六月春、中国莲、六月花神、藕花、灵草、玉芝、水宫仙子、君子花、天仙花、红蕖、溪客、碧环鞭蓉、鞭蕖、金芙蓉、草芙蓉、静客、翠钱、红衣、宫莲、佛座须等,皆有意趣。另《说文解字》云:"未发为菡萏,已发为芙蓉。"李时珍也说,芙蓉就是"敷布容艳之意"。还有一种说法,和苏州很有渊源。据《北梦琐言》载,唐代中和年间,苏昌远邂逅一位清雅绝色女子,两人"以庄为幽会之所"。苏生赠予女子一枚玉环。一天,他发现自家庭院水池中有荷花盛开,花蕊中竟然生出一枚同样的玉环,"因折之,其妖遂绝"。荷花由此得名"玉环"。这个故事,就发生在苏州。

同样在更早的苏州,春秋时期,地址灵岩山,吴王夫差为博美人一笑,在山顶修筑玩花池,移种野生红莲。这处旧迹,到现在还可以看到。灵岩山我每年都去,每去一次,必到玩花池、玩月池边上的茶室吃茶。山上景色一任自然,并未经太多人工修缮,而那些传说中的遗迹尚在,想象着馆娃宫、响屧廊,池中红莲在月下散发淡淡光芒,仿佛宇宙洪荒原力尚在。

至北宋,周敦颐写出"出淤泥而不染,濯清涟而不妖",《爱莲说》成为佳谈,荷花成为"君子之花"。九百多年之后,自称周敦颐后人的周瘦鹃,在苏州建成"紫兰小筑"。周先生精于造景、筑园,对盆景花木尤有造诣。周恩来总理为其题字"爱莲堂"。后来周瘦鹃之女周全将该题字做成两款木牌匾,一悬于旧时厅堂,一放于园内修缮好的旧花房,新貌旧景,自成一体。苏州文人雅士,喜爱之物多清奇雅致,这也是紫兰小筑一大特点。紫兰小筑多奇花异草,中西合璧,是当时的名流聚集之地。周先生的碗莲更是清绝,为吴中培植碗莲的唯一能手卢彬士所赠,夏日置于案头清赏,十分怡情。据说这碗莲的种子也有讲究,是从安徽一个僧人那里得来的。这碗红莲,与灵岩山约两千五百年前池中的野生红莲相映照,斗转星移,凡尘一梦。

说到红莲,又想起客居过苏州的一位画家——张大千。在苏州,他除了养虎,还养过荷花,所以笔下这两种生物皆有性灵,皆极闻名。他在不同时期分别画过两次《五色荷花》,其红莲灼灼耀目,不可方物。他一生绘草木甚多,最终还是以莲为冠,画出独具一格的"大千荷",连他自己也说:赏荷、画荷,一辈子都不会厌倦。

明代文人沈周也绘过一幅著名的《瓶荷图》,巧的是,他生于长于阳澄湖畔,过的是典型的江南田园生活,估计每年盛夏,入眼皆是"莲叶何田田"。他一生又清高又谦逊,和君子莲花很像。李白号"青莲居士",这也是结合他的人生经历与才情,做的一个理想中的形而下的总结。

诸多出土的文物中,从礼器到日常用具,对荷莲纹和形态的运用令人叹为观止。在苏州,最著名的当数苏州博物馆的五代越窑秘色瓷莲花碗。该莲花碗由碗和盏托两部分组成。碗直口深腹,外壁饰浮雕莲花三组。盏托的形状如豆,上部为翻口盘,刻饰双钩仰莲两组;下部为向外撇的圈足,饰浮雕覆莲二组。全碗共由七组各种形态的莲花组成,整体恰似一朵盛开的莲花,构思巧妙,浑然天成。这个碗,多次出现在各大纪录片和城市宣传片里,后来又被复制成文创产品,走入千家万户。有次虎丘办"寒梅雅集",主办方请我做嘉宾,我因此得了一盏,至今还将它供在文房案头。它和云烟茶一起,成为一道忆古风景。

故宫博物院藏有一柄青铜莲鹤方壶,所属时代为春秋,荷花与被神化的

五代　秘色瓷莲花碗

龙、螭及仙鹤一起，在形而上和形而下的双重世界里端坐不语。隋唐时期，瓷器、铜镜等的装饰多采用莲花纹。古金银器上，尤其是盘边缘，多饰以富丽的莲瓣纹，整个风格华丽而真实。宋代的染纺业较唐代有更高的发展。擅绘画兼工缂丝的著名女画家朱克柔创作的荷花缂丝图案，"古淡清雅"，为一时之绝。明清的木版年画多采用"连(莲)贵子""连(莲)年有余(鱼)"等荷花吉祥图案，来表达人们的思想和愿望。在中国花文化中，荷花是极有情趣的咏花诗词和花鸟画题材，是十分优美多姿的舞蹈素材，也是各种建筑装饰、雕塑作品及生活器皿上极常见的图案纹饰。

拈花一笑，其中一解，花为金莲花。

西汉时期，乐府歌逐渐盛行，由此产生了众多优美的采莲曲谣，其中有《采莲曲》（又称《采莲女》《湖边采莲妇》）等，歌舞者衣红罗，系晕裙，乘莲船，执莲花，载歌载舞，蔚为壮观。在当代的苏州，最有名的怕是由三个小姑娘演绎的民族舞《担鲜藕》。大凡成长于二十世纪八十年代后期的这一代苏州人，童年回忆中都会有《担鲜藕》熟悉的旋律。每到黄昏时分，吃夜饭光景，《担鲜藕》轻快又俏皮的音乐声就从电视机里传出，成为一代人的"回忆杀"。这三个小姑娘也真是灵秀，凭借一担道具莲藕，将一个空荡荡的舞台，演绎得"惟有绿荷红菡萏，卷舒开合任天真"。因为太经典，这支舞蹈被代代传承了下来，以至于我们隔两年就可以在电视上看到同样的舞蹈，只不过表演者不同。长大后，因为工作关系，我遇到了《担鲜藕》的创作者于丽娟老师；再过些年，又遇到了对这支舞蹈的发展起了重大推动作用的陆军老先生。提起当年的情致，大家还是津津乐道。

荷花，以出尘之姿，呈入世之态，除去融入百行百艺，也存于饮食大义。荷花茶就暂不提了，因为《云林堂饮食制度集》里的缘起和《浮生六记》中芸娘制作荷花茶的方法，知名度太高，这里不做累述。荷花酒、碧筒饮，古已有之。所谓的"碧筒"，是指碧筒杯或碧筒酒。"暑饮碧筒"是旧时文人的夏天逸事之一，至于碧筒酒的味道是苦还是清香，则可能和荷的品种以及诗人的心情有关。

《本草纲目》将荷奉上神坛，虽然关于荷花的饮品和美食终究操作性不强，不过荷花的养生功能，的确可见一斑。作为寻常百姓餐桌上的常见食品，荷此时又化身地母，滋养众生。

《逸周书》载有"薮泽已竭，即莲掘藕"，可见，当时的野生荷已经成为食用蔬菜了。汉初《尔雅》就记有："荷，芙蕖，其茎茄，其叶蕸，其本蔤，其华菡萏，其实莲，其根藕，其中菂，菂中薏。"

将玉兰花炸食，是北京一带寻常的吃法，很多名家都记载过，后来我看到苏州古籍里也有记载。用槐花、桂花、梅花和面、入粥的也不鲜见；樱花更是寻常食材，除了泡茶，很多点心里都有；再加之海棠露、玫瑰醋，不胜枚举。但将莲花做成吃食的，倒不多见，不知道是滋味使然还是有焚琴烹鹤之嫌。至多拿朵莲花托底，衬缀糕点；或者在茶席之上放朵花苞，以悦眼目。倒是今年夏天，我在在水一方大酒店荷花宴上吃过一款炸莲花瓣。那菜处理得十分精妙，保持了花瓣原有形状，只敷以薄薄面粉，高温油炸了，食之口感松脆之外，有花瓣本身的绵软韧劲，估计之前也将花瓣调过味，佐以藕饼，咸甜适口，很是令人难忘。

莲花入馔，大多作为点缀，莲花茶、莲子茶、莲叶茶较多；再有就是藕的各

清　乌木镂空雕荷花扇骨

清　雪青地纳纱绣金银荷花女衣

色做法了,藕粉、藕夹、藕饼、莲藕炖汤等寻常菜肴,普通人都能掰几个手指头数出来。倒是有款莲花醋,还算清奇,具体做法是这样的:白面一斤,莲花三朵捣细,水和成团,用纸包裹,挂于当风处,一月后取出。以糙米一斗,水浸一宿,蒸熟,用水一斗酿之,用纸七层密封定,每层写七日字,过七日揭去一层,至四十九日,然后开封,笊出,煎数沸,收之。如二糟有味,用瀼水再酿,尽有日用。忌生水、湿器收贮。

荷花宴也盛行,今日依旧如此。每到盛夏光景,就有各色人等,以荷花之名,办种种雅集,或衣香云鬓,或画荷写荷,或丝竹钟磬,或以花入馔,总有种种妙法,不一而足。

最早会背的一首词,是李清照的《如梦令》:

> 常记溪亭日暮,
> 沉醉不知归路。
> 兴尽晚回舟,
> 误入藕花深处。
> 争渡,
> 争渡,
> 惊起一滩鸥鹭。

盛夏郊游,青春正好的女子和朋友迷失在接天莲叶无穷碧中,这次著名的迷路,成了千古绝唱。那个时候,也是李清照人生中最美好的时光。"乱

入池中看不见,闻歌始觉有人来。"在荷塘之中的迷路,也许更像一次不期而至的奇遇,或者是人生意外中美好的出离。人生一场入定,一期一会,皆为荷而来。

食荷记

高晴

　　江南的盛夏,若缺少了荷,是会让人遗憾的。

　　荷是可食用花卉。春末夏初,漾漾荷花池,荷叶田田,是爽脆多汁的藕尖新鲜上市的季节,洗净生吃别有一番清甜。蝉鸣盛夏,热气大盛,风动荷香中,影影绰绰,雅意茵茵。去除莲子里面绿色的莲心,将莲子一粒粒丢进嘴里。浆汁饱满,带着一点点青涩,有乡野的味道。晚秋入冬,残荷矗立,枝蔓重重,裹着乌黑淤泥的莲藕隆重登场,出淤泥而不染才是它的内里品性。

　　此种轮回,是世间万物之造化。"吃货"喜荷,在于季节轮转带来了其全身上下的美味。荷的根、叶、花、果,无一不可入馔。吃荷的花样繁多,还体现在食材入菜时的各种烹饪方式上,那是绝对不止普通的蒸、煮、炒、炸、拌的。古法花食是一件诗意盎然的事,南宋林洪的《山家清供》中记有一款名为"雪霞羹"的花馔,其烹制法为:"采芙蓉花,去心、蒂,汤焯之,同豆腐煮,红白交错,恍如雪霁之霞,名'雪霞羹'。加胡椒、姜亦可也。"

　　在中国传统文化里,芙蓉是荷花的别名,最早出自屈原《离骚》:"制芰荷以为衣兮,集芙蓉以为裳。"李渔《闲情偶寄》指出:"水芙蓉之于夏。"夏日荷花绽放,采撷回来红色或粉色的荷花花瓣,与米白色的豆腐同煮成羹,犹如雪后初晴,晚霞映天,千变万化的流光和形影莫辨的花瓣虚实相生,带着一份清高绝尘的况味。明人刘伯温在《采莲歌》中更是盛赞:"芍药争春炫彩霞,芙蓉秋尽却荣华。有色有香兼有实,百花都不似莲花。"古人食荷早已有之,出水芙蓉之盛事,是在味蕾上盛开的一场花朵盛宴。

荷宴是江南文人雅士可以摆上桌面的一席风景,其文化精髓是以"荷"为贵,每一道菜都彰显着"荷"的元素:荷花天妇罗、荷叶叫花鸡、莲子藕粉羹、荷塘小炒、荷花酥、荷叶卷、荷花茶。花朵入菜不是什么新鲜事儿,炸荷花、炸栀子花、炸芍药、炸玉兰、炸玉簪花,均曾经被列在江南人的素馔菜单上。

天妇罗是日本料理的标配。同为炸物,油炸花瓣同炸猪排、炸春卷、炸薯条这类油炸食品相比,的确让人有暴殄天物的感觉。但烹制真正的天妇罗,会将食材裹上面糊,放入180摄氏度左右的芝麻油中炸制,使水分迅速蒸发,炸制时间需精准把握到秒,口感也达到极致。明清时期的一些记述中都要求用野荷花的花瓣,选择自然生长的食材制作炸物,天然的香气与质感得到极大程度的激发。薄薄的面衣中,藏不住的是野荷的蓬勃生机与野性,这带来前所未有的味觉体验,既有内涵,又让人惊艳,仿佛盛着一盘子的夏天。

你把两个以前从未放在一起的人放在一起,有时世界为之一变,某些新的东西会应运而生——《生命的层级》里如此形容相遇。而看似不相及的风味相碰撞,同样也会产生无尽可能。柔软的花瓣经油炸后反而获得了轻悄的坚挺,铺在玉碟中,比盛开时甚至更显烂漫;再撒上一层糖粉,这些香酥焦脆的花片便被送上盛宴。鲜花穿肠过,留下香如故。如果有精雅文化品位的引导,荷花天妇罗在饕餮放纵的口中,确实可以走上人文美学的道路。

在古代文人雅士中,还流行一种十分有趣的饮酒方式——"碧筒饮"。古人摘下茎杆长短合适的荷叶,握柄为杯,用发簪刺穿叶心,使刺孔跟空心的荷

玉茗似茶少異高約五尺許今獨林氏有之林
乃金臺山房之子清可想矣

雪霞羹

採芙蓉花去心蔕湯焯之同荳腐煮紅白交錯
恍如雪霽之霞名雪霞羹加胡椒薑亦可也

鴛鴦荳生

溫陵人前中元數日以水浸黑荳曝之及芽以
糠粃真盆中鋪沙植荳用板壓及長則覆以桶
曉則晒之欲其齊而不爲風日損也中元則陳

東坡荳腐

荳腐葱油煎用研榧子一二十枚和醬料同煮
又方純以酒煮俱有益也

碧筩酒

暑月命客泛舟蓮蕩中先以酒入荷葉束之又
包魚鮓它葉內俟舟廻風薰日熾酒香魚熟各
取酒及鮓真佳適也坡云碧筩詩作象鼻彎白
酒微蒂荷心苦坡守杭時想屢作此供用

墨乳魚

茎相通,再将荷叶四周小心拢起,将酒倒入其中。清新的荷香、醇美的酒味和美丽的荷花融合在一起。最后,再将空心的荷茎弯成象鼻状,从茎的末端小口小口地吸酒喝。这种浪漫的饮酒方式即为"碧筒饮"。

"碧筒饮"始于魏晋,盛于唐宋。可以想象,从荷茎末端吸酒喝,那滋味清香可口,妙不可言。文化与美的传承从未间断过。苏东坡曾对这种饮酒方式大加赞誉:"碧筒时作象鼻弯,白酒微带荷心苦。"明代高启曾有诗《碧筒饮》:"绿觞卷高叶,醉吸清香度。酒泻正何如,风倾晓盘露。"

被酒沁润过的荷叶和荷茎夹杂着袅然的荷香,入口的酒香更多了一份清苦绵长,即所谓"酒味杂莲气,香冷胜于水"。古代的文人雅士,戏饮荷叶酒,都是一种出于自然、返璞归真的生活体验。

荷花宴讲究新鲜,食材皆须现采。在"六月荷花香满湖"的碧波上,采莲船在荷花塘中悠悠漂荡。微风吹拂下,从湖中摘得荷花,掰得荷叶,采得莲子,送入厨房。荷花摘瓣漂洗,荷叶分解切丝,莲藕削皮清洗,莲子折去荷杆,既充分保证了"三分技术、七分选料"的新鲜度,亦能尽力展现出食材最好的状态,让食客体验食物与时节的和谐共生关系。入口后,食客就能感受到那份独特的乡野情趣。观看整个荷宴菜品的制作流程,也是一种享受。剁、削、切、卷、拍,手法娴熟;煎、煮、烹、炒、拌,各具特色。动作行云流水,优雅舒展,整个厨房香气漫溢。

一席荷宴,花、叶、根(藕)、果(莲蓬)不同的食材,制作而成的菜品也是各具特色。这不光是在锤炼匠心,复杂精细的饮食文化也蕴含着江南文化世代沿袭的精神内涵。

从古至今,对"江南"一词的定义,虽从未统一过,但大致指的还是长江中下游南岸的地区,这是中国历史上富庶的农业产区之一。据考古发现,江南地区从一万年前就有属性明确的水稻栽培。《史记·货殖列传》曾这样描述江南地区:"地广人希,饭稻羹鱼……无冻饿之人。"从公元 6 世纪起,由于大运河连接了江南与北京,江南有了新的身份,成了连接南北的贸易中心,南北文化在这里相融。通过水路,无数美食和税款从这里到达京城。

江南,既是一个地理概念,也是一个文化象征。这里催生了复杂精细的饮食文化,受过良好教育的江南人,最懂得在品尝美食的同时,又显示出一种超凡脱俗的风度之美。"莼鲈之思"是公元 4 世纪一个关于乡愁的代名词。宋人苏轼身上同样有着这种豪放洒脱的气质,以及烟火味道和生活趣味。他曾写过:"城中担上卖莼房,未抵西湖泛野航。旋折荷花剥莲子,露为风味月为香。""莲房"其实就是莲蓬,"久锁深闺"的莲子一向默默无闻,却可以风光无限。新莲子带着露水的味道和月光的清凉,这是江南美食独有的清气。

《浮生六记》里,沈复与妻子芸娘的小情小调,历来惹人羡慕。用世俗的眼光看,沈复实在是一个没有多大本事的男人,品诗论赋、理花石盆景、访山问水,似乎所有的精力都没有用在正道上。而芸娘与沈复情趣相投,伺候他吃喝,陪他玩乐,似乎是不适合在复杂的大家庭环境中生活。她会在荷花次第开放时,用纱囊包着茶叶放入荷心,清早伴着晨露取出,烹泉而饮。一壶荷花茶,被芸娘烹制得妙趣横生。

关于荷花茶,《浮生六记》中的记载并非最早的。明代顾元庆所编《云林遗事》一书中,曾记载元代文人倪云林所制的莲花茶:"就池沼中早饭前日初出时,择取莲花蕊略破者,以手指拨开,入茶满其中,用麻丝缚扎定,经一宿,明早摘莲花,取茶纸包晒。如此三次,锡罐盛,扎口收藏。"可见荷花茶从一开始就得文人雅爱,这荷花茶,想来也是神品。

　　江南人的荷宴,不仅有形、有色、有味,更是用心去感知和捕捉的一种"道",是谓:境由心生。江南的荷,开在江南的池塘,也绽放在江南人的心里。

荷宴一席江南景

金洪男

步有凌波袜，掌为承露盘。谁解荷中味，停箸心自闲。

小学生参加考试一样，一道一道菜给大家介绍，并请师傅指点。华先生也毫不客气，月旦菜评，色香味韵，切中肯綮。于是洪男就调配菜，改口味，苏州人做菜，也像打磨工艺品一样精细。

发布。一周后，一席荷筵，半庭风雅，2022年的江南荷宴正式发布。荷香清风萦怀，茶香墨韵弥漫。与会的画家、作家、美食家、摄影家大快朵颐，如入夏日荷塘，浑身清凉，满怀清趣，口齿清雅，连连称绝。

拍摄。一个夏日午后，摄影师易都亲自掌镜，和设计师周晨共同构思擘画，在光与影的匠心组合下，江南食色在瞬间定格。

古人对荷或者莲的吃法很简单，就是吃藕，或者吃莲子，日常食用，并不算大菜。宋人林洪在《山家清供》里介绍过的一道菜莲房包鱼，也几乎没有人吃过。不独苏州，两湖、闽、浙等地都有排骨炖莲藕，藕是配菜。焖熟藕，大多是江南人的小吃。藕夹也是油炸的特色点心。苏州人最爱的冷盘就是桂花糖藕，也是熟藕里填了糯米，变不出花样来。近年来，有人尝试做了一些荷花宴，但往往是观赏性大于食用性。编这本荷花书时，我们想，要做一席荷宴，注意，没有花。

酝酿。于吃，我是外行，自幼生长在北国，经常被人讥笑『挑粗不挑细』。因此，荷宴这个事要请专业的人士来做。约了苏州旅游与财经高等职业技术学校的胡建国老师，他刚刚写了一本《苏州四季花宴》，大家交流甚欢。他说，这个事情，得请江南雅厨金洪男先生担纲。于是，我和阿丁、周晨、苏眉一起冲到了天平山找到洪男，看画、喝茶、聊天，大家一拍即合：做一席精雅的江南荷宴。

试吃。七月的一个周末，荷开正好。洪男传来消息：过来尝味吧。是夕，苏州烹饪圈里的大师华永根先生莅临指导，作家、学者兼美食家王稼句现场共同品评。洪男有点像

餐前・冰荷美人

据说荷是穿越白垩纪的孑遗植物，是一位前世披冰沥雪的美人。一颗荔枝包裹着雪莲，几片经洛神花茶浸润的藕片，点缀数颗翠绿的毛豆，冰艳，爽脆，悦目。

冷食汇·莲动下渔舟

◎糯米＋藕＝幸福

说苏州人讲话温柔，常常说软糯，而甜食则是富足的标志味道。用甜软的糯米在藕孔里填满幸福，玲珑一口，居然还有早秋的桂香。

◎鱼子酱，鲜莲子，山药泥

嫩莲子就是夏天的味道，咬下去满口都是香远益清。山药泥呢，已不再糊涂，因为早有鱼子酱把它唤醒。

◎藕带沙拉

《本草纲目》里气味甘平的『藕丝菜』就是如今所谓的藕带，其实是藕的顶芽和新萌部分。藕带细脆无筋，拌以夏日清凉，是解酒佳品。

◎黑醋炸鳝

小暑黄鳝赛人参。伴着荷风，鳝鱼是苏州人暑天餐桌上的常客。高温炸得酥脆的鳝段，配以用糯米、高粱酿造的黑醋，是回味里一段甜中带酸的恋情。

◎荷味渍白鱼

软骨细鳞的白鱼是太湖的特产，也叫『鲦鱼』，是所谓『三白』之一。白鱼嬉戏莲叶间，与荷花为伴，被荷香浸透。而渍，据说是江南最古老的烹饪技艺。

迎宾·虾仁翠如意

不知何时，因苏州话「虾仁」和「欢迎」的发音很像，于是含蓄的苏州人将虾仁作为头菜来表达婉约的心意。而那一柄翠绿如意，也寄托了对嘉宾的美好祝福。欢迎，如意。

渐入·莲塘糟乳鸭

一千多年前，吴地女子朱克柔用缂丝创作的《莲塘乳鸭图》，已经是中华瑰宝。如今，苏州人把这份精巧用在了美食上。『糟』是江南夏日美食的秘法，那一股若有若无的特殊香气，令人食指大动。

尚汇·六月蟹糊煨鲜鲍

忙归忙，勿忘六月黄。一语烙定苏州人对湖蟹的执念。六月黄，选用刚刚第三次脱壳的童子蟹，采用面拖法，搭配鲜鲍，让食客一见就想立即大快朵颐。

羡鱼・荷香陈皮熏鱼

塑料出现之前，荷叶是江南最古老的包装物。

它几乎包容一切，而这次，包裹的却是大洋深处的雪鱼。陈皮，能健脾开胃，祛湿化痰。将它们一起熏烤，炮制出这道专医暑病的药。

返璞 · 荷叶粉蒸雪花牛肉

荷叶粉蒸肉，是传统苏帮菜。随着饮食理念日渐趋向轻食健康，创新改用雪花牛肉入菜。古与今，中与西，世界在变与不变中向前，唯有荷香，不变。

夏阴·时蔬双拼

芳菲歇去何须恨，夏木阴阴正可人。仲夏，阳气渐升渐高，正是蔬菜生长好时节。有时想想，品评人生滋味，不过根、茎、叶尔。

雅点・荷花酥拼夏夜凉糕

苏式面点因精美绝伦，常让人不忍下箸。一团面，塑成一朵花，苏州厨人，原来都有锦心秀手。

吃腻了枣泥糕，何妨再品尝一下这爽如夏夜的凉糕？那是关于席子、蒲扇和深井水的回忆。

暖心・荷塘月色盅

月色撩人。更何况在水边，佳人依依，那是鸽蛋
和鱼饺的告别。莼菜是千里外的乡思，更是清
晨雾起荷塘时的相思……

主食·荷叶火松焗饭

曾经与一位满头银发的烹饪大师聊天，问他：何为知味？答：食无定味，适口者珍。火松、苏州古法烹制；藕丁和鸡蛋一起焗，相较他法，更能保留食材的原汁原味。

甜润·藕粉燕窝盏

一直觉得，吃一碗江南藕粉，简直就是不食人间烟火，清雅可胜神仙。其实，对苏州人来说，炎炎夏日里，唯有这碗甜润，直抵心肺。

（本书呈现的荷宴菜谱，系由中国烹饪大师、苏州市烹饪协会会长、非物质文化遗产苏帮菜制作技艺代表性传承人金洪男担纲，苏州新梅华餐饮管理有限公司单正女士全程监制，摄影师易都掌镜拍摄，作家、策划人潘文龙撰文）

荷事

盖水有荷莲

杭悦宇

夏日最让人期待的花卉，当数荷花，"荷叶罗裙一色裁，芙蓉向脸两边开"，"惟有绿荷红菡萏，卷舒开合任天真"。荷，是这种植物最早的称谓，也是最有形的称谓。"荷"通"菏"，意"泽"，田田的大叶片又似有"荷重"的属性。魏晋杂歌《青阳渡》吟："青荷盖绿水，芙蓉披红鲜。下有并根藕，上生并头莲。"

更有无数的采莲曲。所以，估计那时候民间以植株为"荷"，果实为"莲"。然而，到了明朝，《本草纲目》中"荷"成了"莲"，荷花也成了莲花。如今，业内最权威的《中国植物志》及其英文版 Flora of China 采用了这个叫法，将"莲"（Nelumbo nucifera）当作正名（学名），反倒是"荷"成了民间俗称。

这究竟是怎样的一种植物呢？荷花，又名菡萏、芙蓉、芙蕖、莲花，还有水芙蓉、水芝、水华等。通常看到的荷花是粉色、白色、红色的，或是白中带红、粉中透白的，花朵硕大，花瓣纷叠，极尽丰腴雍容之态，掩映在重重的绿叶中，恰似深闺佳人。但无论怎样变化，这都是植物分类学上的同一种，也是荷花所在的莲属在中国的唯一种。"菰蒲偃微雨，忽见野莲开。"荷花的野生分布范围非常广泛，包括俄罗斯、朝鲜、日本、澳大利亚北部和东部，以及几乎整个东南亚，当然，这也可能是人类活动带来的结果。

莲属究竟有几种？还有其他样子的荷花吗？全世界莲属一共有 2 种：一种是莲，就是荷花；另一种是分布在美国明尼苏达州至俄克拉何马州、佛罗里达州,以及墨西哥、洪都拉斯等地区的美洲黄莲(N. lutea),其又名美国莲花、黄莲、水青瓜等,有着荷花所没有的别致的黄色花朵,花期可从暮春持续到整个夏季结束。有野生荷花分布的地方就没有野生美洲黄莲,有野生美洲黄莲分布的地方就没有野生荷花。后来,园艺学家将荷花和美洲黄莲这两个异域物种进行杂交,荷花贡献了红白元素,美洲黄莲提供了黄色基因,两者结合,产生了一系列的园艺新品种。

美洲黄莲有巨大的根茎,美洲原住民携带这种植物作为食物,由南向北传播。被称为"鳄鱼玉米"的美洲黄莲种子,以及未打开的叶片、嫩叶柄都可以食用,这和荷花可食用的部位一样,只是荷花的食用方式更多。荷花根状茎(藕)节间膨大,内有多数纵行通气孔道,节部收缩,除了做蔬菜外,还可以提制藕粉;膨大的花托称为莲房或莲蓬,里面嵌合着数量不等的椭圆形或卵形果实(莲子),果皮有些硬,新鲜时青绿色,成熟时黑褐色。"最喜小儿亡赖,溪头卧剥莲蓬。"剥去果实硬皮,果实外面裹着一层薄薄的红色或白色种皮,嫩时做水果,老时做干果。荷花的叶、叶柄、莲房、花瓣、雄蕊、果实、种子、根状茎、胚芽(莲心)均可入药。

荷花通常的颜色就是红、粉、白。栽培荷花早已分化出3个类型,即藕莲、子莲和花莲。种植藕莲主要是为了采藕。藕莲长得高,几乎不开花,在中国是3个类型中种植面积最大的。种植子莲主要是为了采莲子,它通常只能形成纤维状的藕,但结实率高,莲子大。花莲仅用于观赏,植株矮,种子的产量和质量较差,藕的品质也不佳;花朵数量多;花瓣数量变化大,甚至有的看着像复瓣一样,其实是众多的雄蕊变异而成的;花色从白、粉、红的单色到双色,最典型的是

美洲黄莲

白色花瓣尖端带有粉红色。

野生荷花在中国南北各省很多地方都有分布。每年都有成千上万的莲子散落到池塘的底部,有些会立即发芽,但大部分会被野生动物吃掉。随着冬季池塘淤积和干涸,剩余的种子会休眠很长一段时间,待水分充沛的时节,休眠的种子重新焕发生机,开始长成一棵棵新生的荷花小苗。合适的条件下,莲子可以存活很多年。荷花被称为"活化石",是被子植物中起源最早的植物类群之一,在恐龙、大型蕨类的世界里早已生长。农耕文化出现后,荷花的根茎和种子就成为早期人类的食物,"薮泽已竭,即莲掘藕",后来莲子出现在众多的出土文物中。二十世纪初在辽东半岛普兰店泥炭层中发现的古莲子,寿命达千年以上,尚有生命力,科学家们使它发芽、开花、结实,其花瓣与现代荷花几无区别。"山有扶苏,隰有荷华。""彼泽之陂,有蒲与荷。""彼泽之陂,有蒲菡萏。"收录西周初年至春秋中叶诗歌的《诗经》中,多首诗歌将荷花载入文字,吟诵至现在,荷花依旧。

荷花在现代植物分类中学名为"莲",这始于明代李时珍的《本草纲目》条目"莲藕",其下"释名"中解释道,莲实又叫藕实、石莲子、水芝、泽芝等。莲薏即莲子中的青心。莲房即莲蓬壳。荷叶中的嫩者名荷钱,贴水者名藕荷,出水者名芰荷,叶蒂名荷鼻。此外,叶柄称"茄",荷叶称"蕸",花称"菡萏",不膨大而细长的地下茎称"蔤",果实称"莲",种子称"菂"。曾经,塘池河沟,到处都是"莲叶何田田。鱼戏莲叶间。鱼戏莲叶东,鱼戏莲叶西,鱼戏莲叶南,鱼戏莲叶北"的景象,亦有"当轩对尊酒,四面芙蓉开""制芰荷以为衣兮,集芙蓉以为裳"的意境。

荷

相比荷花,另一类重要水生植物睡莲(Nymphaea tetragona),为人们所见到的多是公园、人工湖中栽培的,并且常常不被正确认识。

《中国植物志》中,荷花和睡莲都属于睡莲科,只是归不同的属。修订后的英文版 Flora of China 中,睡莲仍然属于睡莲科,但荷花则归莲科,亲缘关系被拉远了。至于为什么,这是科学家们研究的事。睡莲与荷花,通常的鉴别点是:荷花花叶挺水,睡莲花叶浮水,似乎睡莲就是"睡倒的莲花"。实际上,很多品种的睡莲,花也是挺水的,比如延药睡莲、柔毛齿叶睡莲(齿叶睡莲的变种)等,鲜艳的花朵有柄并且伸出水面,只是没有荷花那样的高度。所以,睡莲与荷花及它们所在的两个属,真正的鉴别点是:荷花的叶呈圆形盾状,全缘无缺口;而睡莲的叶呈圆形或卵形,基部有心形或箭形缺口。

睡莲属大约有 50 种,广泛分布于温带和热带地区,比仅有 2 种的莲属种类要丰富很多。中国共有 5 种,野生的几乎遍及全国:雪白睡莲分布于新疆,柔毛齿叶睡莲分布于云南、台湾,延药睡莲分布于安徽、广东、湖北和云南等地,白睡莲分布于河北、陕西、山东、浙江,睡莲分布最为广泛。野生睡莲花色绚丽缤纷,早已超越了仅有粉、白、黄三色的莲(荷花、美洲黄莲),并常常以颜色命名,有时还带上地名,如白睡莲、蓝睡莲(延药睡莲)、红睡莲、黄睡莲(墨西哥睡莲),还有埃及白睡莲(齿叶睡莲)、欧洲白睡莲、美国白睡莲(香睡莲)、印度红睡莲、埃及蓝睡莲、南非蓝睡莲等。

野生荷花是国家二级保护植物;野生美洲黄莲由于栖息地不断被破坏,数量正在不断减少,也早已成为濒危物种。早期如白垩纪时的野生睡莲,物种分化程度较现在高,种类比现存的多。但随着地质变化及物种演化,如今种类变

柔毛齿叶睡莲

白睡莲

睡莲

黄睡莲

延药睡莲

雪白睡莲

少的睡莲属,和莲属一样,有很多野生种面临着生存危机。十九世纪初,在瑞典法格尔恩湖发现了欧洲白睡莲的红色花型,但发现后的大规模采集和开发,几乎使它在被保护之前就在野外灭绝。1987年,德国植物学家埃伯哈德·菲舍尔在卢旺达阿尔伯丁裂谷西南部地区的温泉里,发现了一种非常小的睡莲,并将其命名为卢旺达睡莲(亦称为侏儒睡莲)。这种睡莲很快就被世界自然保护联盟濒危物种红色名录列为野外灭绝种,英国皇家植物园(邱园)和德国波恩植物园等抢救性地保育了这种睡莲。从发现到野外灭绝,只有短短二十几年。罗马尼亚的佩尼亚河和匈牙利的赫维兹湖中,有一种埃及白睡莲变种,是第三纪的孑遗植物,数量正逐年减少。中国野生分布的睡莲中,延药睡莲、柔毛齿叶红睡莲、雪白睡莲的珍稀濒危等级分别为极危、濒危和易危。

保护植物的重要措施之一,就是以栽培品满足市场需求。人们栽植睡莲的历史最早可追溯到4000多年前,当时古埃及人就已在水中栽培开白花的埃及白睡莲和开淡蓝色花的埃及蓝睡莲,这从尼罗河岸的古墓壁画中得到证实。睡莲属原有的50多个品种,在无数园艺家和爱好者的选育与杂交下,产生了极为丰富的品种,其中许多具有优秀观感和栽培特性的品种,获得园艺奖,并被带去世界各地,进入寻常百姓家,比如由香睡莲培育出的开橙红色花朵的星花香睡莲、黄花香睡莲,开杯形芳香黄花的迷你型海尔芙拉,杂交出的开杯状玫红色花朵的艳阳、开淡黄色花朵的克罗马蒂拉,等等。很多国家出于对睡莲的喜爱和栽培习惯,将相关的种类作为国花,如斯里兰卡的国花是蓝睡莲(延药睡莲),埃及国花是埃及白睡莲(齿叶睡莲),孟加拉国国花是柔毛齿叶睡莲。

不比荷花的风中招摇,安静而神秘的睡莲,似乎将生命锁在了缓缓漾起的池水之波上,感受岁月在波纹中的流淌,让时光慢慢悠悠地前行,就像法国印象派画家克劳德·莫奈绘制的《睡莲》组画中的那些花,充满了变幻莫测的诗意。因为这些诗意,睡莲的功能常常被人们忽略。其实,睡莲虽然没有像荷花一样的膨大根茎和饱满果实,但仍然是人们重要的食源:嫩叶、花梗和未开放的花蕾可煮食;富含淀粉、蛋白质和油的种子可膨化、干燥或磨成粉,做各种食物;块茎和根茎可以煮或烤着吃。澳大利亚的原住民将当地的睡莲作为主要的食物来源:花和茎生食,根茎和种子烹饪后食用。很多品种的睡莲还是传统药材,如延药睡莲在印度传统医学中主要用于治疗消化不良。香睡莲,它的根茎被美洲原住民用来治疗咳嗽和感冒,还可以直接放在牙齿上治疗牙痛;它的花被用来制造香水,用于芳香疗法。睡莲属植物含有一些生物碱,具有镇静作用,古埃及时期就已有应用。

荷花是地球上最古老的开花植物之一,距今已有一亿六千多万年历史。无论是周敦颐的《爱莲说》,还是朱自清的《荷塘月色》,再就是无数首关于荷、莲的唐诗宋词,国人千百年来赞颂的其实绝大部分是荷花,关于睡莲的极少。有人认为唐代段成式《酉阳杂俎》首出"睡莲"名:"南海有睡莲,夜则花低入水。"但按照清代赵学敏的《本草纲目拾遗》记载,"睡莲"之名当首出自西晋郭义恭的《广志》:"睡莲,布叶数重,叶如荇而大,花有五色,当夏昼开,夜缩入水底,昼复出,与梦草昼入地夜即复出相反。广州有之。"只可惜《广志》已失传,后人录出200多条,确切原文已查不到。《本草纲目拾遗》还称睡莲为子午莲,同朝代吴震方的《岭南杂记》中名其为睡莲菜、瑞莲,吴其濬的《植物名实图考》中名其为芘碧花。《山海经·西山经》曰:"西五十里,曰罢父之山,洱水出焉,而西流注于洛,其中多苴碧。"清代鄂尔泰的《云南通志》记载,浪穹县苴碧湖中,有一种花,叫苴碧花,似莲而小,叶如荷钱,茎长六七丈,气清芬,采而烹之,味美于莼菜;八月花开满湖,湖名苴碧以此。近年,中科院昆明植物研究所的科学家们,果然在洱源县苴碧湖的近湖及苍山的湖泊中,发现了野生苴碧莲种群,这是睡莲在云南高原湖泊的野生类群。

宋代文史学家宋祁的《益部方物略记》中,记载了一种朝日莲:"花色或黄或白,叶浮水上,翠厚而泽,形如菱花差大。开则随日所在,日入辄敛而自藏于叶下,若葵藿倾太阳之比。"北宋诗人张咏有《朝日莲》诗:"少得方为贵,根茎岂异莲。高低全赖水,舒卷自知天。"与此描述有些相似的还有萍蓬草、荇菜、水鳖之类的水生植物,古人对它们均有较清晰的认识,绝不可能将这些植物叫作朝日莲,因而朝日莲是野生睡莲的可能性比较大。宋代李纲的《东京五岳观后凝祥池有黄莲》,宋代张舜民的"深山草木自幽奇,四色荷花世所稀",元末明初陶安的"绝艳莲花水面浮,绿云香湿一沙鸥",描写的多少也都有睡莲的影子。

睡莲所在的睡莲科,其实还包括意义上、形态上近似莲花的植物,它们是王莲属、合瓣莲属、紫箭莲属、芡属和萍蓬草属。合瓣莲属又名长叶睡莲属,有3—4种,原产亚洲热带地区,其叶片完全沉于水下,只有白色、粉色至红色的花浮出水面,常见种植于水族箱内。紫箭莲属又叫澳大利亚睡莲属,是1970年才发现的新属,但也有科学家认为它只是睡莲的形态变异类型,并不认可它的独立分类地位。萍蓬草属分布在北半球温带至亚北极地区,又被称为池睡莲或帽睡莲,其拉丁语名称的词源来自梵语"蓝色莲花",其实它们的花瓣不是蓝色的,而是黄色的。萍蓬草属的"花朵"极美丽,俨然是缩小版的黄色莲花,

睡莲

只是人们看到的 4—6 个亮黄色"花瓣"并不是真正的花瓣,而只是萼片;真正的花瓣比萼片小得多,在萼片之内,呈丝状,数量多。萍蓬草很早就出现在我国的本草著作中,如唐代陈藏器《本草拾遗》记载:"萍蓬草,即今水粟也。其子如粟,如莲子也。俗人呼水粟包,又云水粟子,言其根味也。"又记:"萍蓬草,生南方池泽。叶大如荇。花亦黄,未开时状如算袋。"北宋唐慎微的《经史证类备急本草》将其列入水草类,明代《食物本草》称其为萍蓬子。如今,萍蓬草被列为中国国家重点二级保护野生植物。

王莲属植物是真正的王者之莲,该属学名为 Victoria,是为了纪念英国女王维多利亚。在南美洲热带地区的亚马孙河马莫雷支流中发现的亚马逊王莲,主要分布于巴西、玻利维亚等国,它也是圭亚那的国花。亚马逊王莲拥有世界上水生植物中最大的叶片,叶片直径可达 3 米以上,叶面光滑,叶缘上卷,犹如一只只浮在水面上的翠绿色大玉盘,最多可承受六七十千克重的物体而不下沉。夏季开花的亚马逊王莲,花很大,非常香,单朵浮于水面,花瓣数目很多,子房下部长着密密麻麻的粗刺。第一天傍晚花开,为白色;次日逐渐闭合,至傍晚再次开放,花瓣则变成了淡红色至深红色;第三天再闭合并沉入水中。果实成熟时,内含几百粒黑色种子,大小如莲子,富含淀粉,可食用,被当地人称为"水玉米"。而在阿根廷科连特斯的河流交汇处发现的克鲁兹王莲,花略小于亚马逊王莲,黄昏时开放,花色淡些,叶底呈紫色,覆盖着绒毛,主要分布于巴拉圭、阿根廷北部。在中国,夏日的南京中山植物园,落日余晖中,你可在球宿根花卉园和南园的池水中,看到两种王莲争奇斗艳。

芡属只有一个种,叫芡实,又称刺睡莲,原产于东亚和南亚。清人沈朝初

描述:"苏州好,葑水种鸡头。莹润每疑珠十斛,柔香偏爱乳盈瓯。细剥小庭幽。"苏州人说的鸡头(鸡头米),就是芡实。北燕谓之荶,青、徐、淮、泗之间谓之芡,或谓之鸡头,或谓之雁头,或谓之乌头。花似鸡冠,实苞如鸡首,故名。夏季的塘田里,常可以看到这种大水草:叶似荷但浮于水,且叶面叶背有刺;又似睡莲,但无缺口,且大许多;花茎伸长于水面上,顶生一花,多半为紫色,偶有白色。花谢后,花萼慢慢地闭合和膨胀,长成远大于鸡头但形似鸡头的密生锐刺的果实球,里面有黄棕色坚硬种子。剥去种皮,凝珠乳盈,这就是可食的芡实。"秋风一熟平湖芡,满市明珠如土贱。"常听说北芡、南芡之分,其实只是芡实的来源不同。野生的北芡(刺芡),如今在中国南北各省湖塘沼泽中仍有。春秋战国时期,人们开始培育北芡,其后培育出各种形态的后代,其中叶面、茎、果实密布刺的品种仍然叫北芡,花开紫色,目前洪泽湖、宝应湖及安徽北部地区等有栽培;叶背仍有尖刺,但叶面、茎、果实的刺已消失的品种叫南芡,花开紫色、白色,果实比北芡大几倍。苏州葑门外一带的荡区是历史上南芡唯一的种植地。苏州市蔬菜研究所的专家利用杂交技术,还培育出了开红花的芡品种,但没有推广开,不知何故。在印度北部和西部,芡种子常被烘烤或油炸,像爆米花一样爆裂,然后食用,通常要滴上少许油和撒上少许香料。它还常被用于制作粥或布丁。

六月,又称荷月、莲月,但是这个六月应该指的是农历六月。传统上的江南赏荷在六月下旬,以六月二十四日为观莲日。"六月荷花荡,轻桡泛兰塘。花娇映红玉,语笑薰风香。"每到这天,苏杭一带画舫云集、裙袂满目。随着夏花远去,秋风起处,满塘荷花残枝枯叶,堪称天生别样的水墨静画。折几支干空莲房,便是插瓶的好材料。睡莲呢? 残花未谢时新蕊又绽,旧叶未老处新叶还出,寒流初至,仍能青绿如旧,可供食用或酿酒的根状茎深埋水底,等待来年风再起,雨再润。"出淤泥而不染,濯清涟而不妖,中通外直,不蔓不枝,香远益清,亭亭净植,可远观而不可亵玩焉。"虽是写荷花,但睡莲岂不也如此?

纸上种荷记

潘文龙

我曾经种过荷花,不过没有成功。

有个黄昏,在观前地铁站遇到一个卖碗莲的汉子,一个清水盆里摆了十几株的莲子,都爆了芽,游荡在水里,惹人怜爱。买了几株,养在办公室中用塑料桶做的盆里,下面还放了一点泥。每天看着它抽枝展叶,荷钱朵朵,漂浮在水面上,期盼着六月开花。可是后来不知为何烂根了,花就死了。可见,碗莲并没有那么好养。

于是,我只能把爱莲的心收起来,改为纸上种荷。

一

按照植物学的研究,种荷花有两种方式,一种是种莲子,一种是种莲藕。种莲子,属于有性繁殖,因为莲子里有胚芽;而种莲藕,就是等藕上生根,则属于无性繁殖了。

种荷,听起来是一件很风雅的事。

荷花可食、可赏、可入药,已经成为中国人生活中重要的物质食粮和精神依托。古代人种荷,因循已久,数千年里总结出了许多经验,并把它们记载在书里,使之传承下来。有意思的是,古人种的大多数是莲子。李时珍说,莲子从黄变青,由青转绿,由绿变黑,"中含白肉,内隐青心","医家取为服食,百病可却"。

不过,这坚硬如石的莲子可不是那么好种的,首先的一道难题就是破壳。

早在一千多年前的北魏，农学家贾思勰就在《齐民要术》里把种植经验记录下来。他写道，在农历八九月份，选那些黑而坚硬的莲子，即成熟饱满的种子，在瓦上磨莲子头，把外壳磨薄，然后用沟中的黏泥封口，等泥干了，掷莲子于池中，有封泥的莲子一头自然沉入水中。被磨薄皮的莲子自然先萌芽，而那些没有磨过的，就很难生长。

应该说，自北魏后，后世基本上都遵循瓦上磨莲这个种荷技法。要说种莲子种出雅韵的，自然是清时苏州文士沈复了。他和芸娘这对"布衣菜饭，可乐终身"的夫妻，享尽了人间清福。两个人把日子过成了诗，生活充满了烟火情趣。沈复种莲，先取老莲子，把两头磨薄，接着把莲子放到鸡蛋壳里让母鸡孵化，等到一窝小鸡成雏再取出来，然后用年久的燕巢泥加上二分天门冬，捣烂拌匀，放到小的花器里，"灌以河水，晒以朝阳"。用活水和朝阳，取其新生之意。沈复夫妇培育出来的荷花只有酒杯那么大，荷叶只有碗口那么大，亭亭可爱，成为文人们案头的清供。

沈复那个时候，还没有碗莲的称谓，当时都称作缸莲或者钵莲。碗莲是清末民初的苏州爱荷名士卢彬士先生取的名。他留下了自己种荷的经验之谈《莳荷一得》，他种碗莲的方法，取自明清，如今依然在苏州园艺界递传。

不过，沈复也不是蛋壳孵莲子的首创者，明代的高濂和徐光启都曾经有类似的记载。高濂在《遵生八笺》里记载，他用来拌天门冬的不是燕巢泥，而是羊毛角屑。高濂种的莲开花如钱，比沈复的还要小。徐光启在《农政全书》里记叙得还要细致一些：先取鸡子一枚，开小孔，去掉蛋清和蛋黄，填满莲子，再用纸糊三四层后令母鸡孵之。种时，除了天门冬外，还加上了硫黄，以及酒坛泥。

之蓴或謂之水葵本草云治肖渴熱痹又云
冷補下氣雜鯉魚作羹亦逐水而性滑謂之淳
菜或謂之水芹服
食之不可多

種蓴法　近陂湖可於湖中種之近流水者可決
水為池種之以深淺為候水深則莖肥
葉少水淺則葉多而莖瘦蓴性易生一種永得
宜潔淨不耐汙糞穢入池即死矣種一斗餘許
厚倉卒不能生也
用足

種藕法　春初掘藕根節著魚池
泥中種之當年即有蓮花

種蓮子法　蓮頭入月九月取蓮子堅黑者
於瓦上磨蓮子頭令皮薄取墐土作熟泥封之如
三指大長二寸使蓮下重頭平重磨去尖銳泥乾時
擲於池中重頭沈泥自然周正黃藕生於泥中時即
出其不磨者皮既堅生

種芡法　一名雞頭一名鴈□即今芡子是也由
□形上花似雞冠故名曰雞頭入月中
取擘破取子散著池中自然生矣

種芰法　一名菱□秋上子黑
□時收取散著池中
本草云菱芰味甘上品藥食之
安中補藏養神強志除百病益精氣耳目聰輕
身耐老蒸糧和餌之長生神仙多種儉歲有
荒此足度

齊民要術卷之六

然周正皮薄易生即出其不磨者皮既堅厚倉
卒不能生也種藕法春初掘藕根接頭著魚池泥中
種之當年即有蓮花蓮子可磨為𥻖輕身益氣令人
強健藕止渴散血常食之不可池藕二月間取帶泥
小藕栽池塘淺水中不宜深水待茂盛深亦不妨或
糞或豆餅壅之則益盛 玄扈先生曰深池中種藕用
繩放下水底三吳人用大
藕于下田中種之最盛 今一種盆荷法橫種炭簍內以
春分前栽則花出葉上凡種時藕壯大三節無損者
順鋪在上頭向南芽朝上用硫黃研碎紙撚簪把銚

經藕節一二道當年有花
管子曰五沃之土生蓮故栽宜壯土然不可多加壯
糞反致發熱壞藕
種蓮子法用雞子一枚開一小孔去青黃將蓮子填
滿紙糊孔三四層令雞抱之雞出取放煖處不拘株
用天門冬末硫黃同肥泥或酒罈泥安盆底栽之仍
用酒和水澆開花如錢
蓮子磨薄尖頭浸靛缸中明年清明所種子開青蓮
花凡蓮畏桐油宜忌之

不可思议的是,徐氏除了灌水浇莲子外,居然还加上了酒。这是要种"醉莲"吗?哈哈。当然,最后也是"开花如钱",与高濂的大同小异。我想,或许徐氏莲更有风致一些,每迎仲夏藕花风,定会袅娜起醉舞。

古人讲究"医者意也"。母鸡像孵小鸡一样孵化莲子,不外乎取其合适温度和湿度下的生发之意;用燕巢泥和羊毛角屑,大概是可以增加肥料和养分。让我好奇的是,为何古人种莲都要用天门冬这味药?中药书上说,天门冬味甘、苦,性寒,入肺肾经,有滋阴降火的功效。这和莲子的药性有些近似,但不知道两者相融,有什么特别意义。不知是否有同声相近、同气相求的意思。

李时珍说莲子"可历永久",此话不虚。近代以来,人们屡屡验证,千年的古莲子居然可以发芽开花。北京肖家河、河北三河以及济南白鹤山都发现了已历上千年的古莲子。尤其是辽宁大连普兰店发现的古莲子,更是花发惊世,至今繁衍不绝。

早在十九世纪后期,普兰店的两个村就有人在干涸的泥炭层里发现了古莲子。其实发现古莲子的时间或许更早。清代谈迁在《北游录·纪闻》中写道:"赵州宁晋县有石莲子,皆埋土中,不知年代。居民掘土,往往得之有数斛者,状如铁石,肉芳香不枯,投水中即生莲。食之令人轻身延年,已泻、痢诸症。"这有点把古莲子神化了。不过,有研究者分析,从遗传学的角度看,古莲子种胚中的亚油酸含量比现代莲子要高很多,而亚油酸是长寿的重要元素。从这个意义上说,荷花之所以躲过了冰河期的劫难,和水杉、银杏、鹅掌楸一起被称作孑遗植物,和莲子能长期维持生命有很大关系。

荷花的寿命居然可以这么长,一粒种子,仿佛沉入万古泥潭睡着了,一梦千年。

二

由此可见莲子难种,所以人们更多的时候是选择种藕。

清人陈淏子在其花卉学名著《花镜》中说,旧时人遇到奇异的荷种,都用缸来养,而且十分讲究时令。一般来说,惊蛰后先在缸底铺地泥,然后覆盖一层河泥,并且持续暴晒,直到晒裂。等到春分时,才把藕秧插种下去。秧头朝南,用肥泥壅好。值得注意的是,他说要用猪毛把藕节部分缠好,晒干后注入河水,这样,夏天就能花开繁盛。

春分,对种藕来说是一个非常重要的时令。《花镜》上记有:"春分前种一日,花在叶上;春分后种一日,叶在花上;春分日种,则花叶两平。"古时人种个荷花,居然计算到如此精确,简直有点机械了。不过,究竟有没有那么神奇,我没有试过,也无从验证。

徐光启的记载更详细一些,比如种植塘藕要用豆饼或者粪肥,如今江南一带仍然施用此法。初栽藕时水不宜多,并且一定要注意藕头朝南芽朝上。种藕也要用硫黄和纸捻缠绕,估计是为了防治病虫害。

苏州自古是产藕的盛地,早在唐代就有贡藕的记载。曾经做过苏州刺史的白居易,有诗写道"本是吴州供进藕"。唐人李肇在《国史补》里记载,苏州当时进贡给宫廷的藕,最上品称为"伤荷藕"。所谓伤荷,是指为了保证藕的营养专供,在生长期内故意损伤荷叶。这种做法,在园艺和果蔬管理上,也是经常采用的梳叶办法。我家的小院里有几棵树,花农老顾每次来了就挥舞起大剪刀。看着我心疼的眼神,他说,不怕,越剪,植物长得越好。

后世苏州,也一直是食用塘藕的重要产地。最有名的当数城东娄葑、斜塘一带,此地盛产斜塘藕,久负盛名,种植规模维持了上千年,一直到苏州工业园区开发之前。斜塘地处水网低洼地带,河泥营养丰富,所产的藕肥大有节,色白如玉,有"三节九孔十八旗"之说。三节为佳;一刀下去,藕面上七孔、八孔的都是俗品,只有九孔藕才是上品;而十八旗是指藕节上长出的嫩芽多,生命力旺盛。斜塘藕不但可以用来炖排骨、做焐熟藕等熟食,还可以生食,口感甜脆细嫩,非别处藕可比。

听斜塘有经验的藕农讲,种藕预留的母本主藕,不及专门用来繁殖的子藕好。"三月三,藕发苦。"苦芽,就是指种藕的顶芽。在江南地区,春分至清明前后种藕最好。过早栽种,低温容易冻伤藕芽;过晚栽种,苦芽已经萌发,钱叶易折断。种藕时,要左手托起藕身,右手握住藕顶端一节,并用中指保护苦芽,二三十度角斜插入塘泥,深度在15厘米左右,并且让藕尾露出水面,保证其呼吸。看看,栽藕也并非那么简单的事,有很多讲究。可惜,随着苏州工业园区的开发,现在斜塘的藕田越来越少了,斜塘藕已经不复昔日的荣光了。

种藕很辛苦,采藕更劳累。一般新藕都在农历入冬时节出产,蓄积了一个秋天的营养,良藕才成熟。看过采藕的纪录片,人们才知道采藕都要打赤脚,有时候要踩着荷塘的冰碴,在泥里用脚来触探藕的朝向、大小和粗细。冰水刺骨不说,藕农的脚有时还会被芦苇等硬物割破,鲜血淋漓。多次下江南的清乾隆帝说"三九嫩藕出斜塘",看来天子也知道苏州人不时不食的道理。沪剧名角杨飞飞在《卖红菱》里唱道"三十二钿一斤斜塘藕,十六钿称一斤嫩红菱",可见斜塘藕的名气,其价格足足是红菱的两倍。

对文人士大夫来说,种荷,是吟赏的风雅;对农户来说,种藕,是一份辛苦

街头售菡萏

的生计。二十世纪三十年代,叶圣陶在上海,忽然想起家乡的斜塘藕了,嚼着雪白的甜藕,嘴巴里满是思乡的滋味。

三

何以江南? 荷,以江南。

称一个地方为江南水乡,似乎总少不了荷花。没有荷的江南,称为江南似乎都不那么硬气。

我以为,古来写荷花最好的诗,当属隐居甫里的陆龟蒙那句"无情有恨何人觉? 月晓风清欲堕时"。诗写白莲,晨风里晓月将落,花亦摇摇欲堕,嫣然有致,看似无情,其实内心满含幽恨,可是又有谁人知晓呢?

苏东坡评价陆诗有"写物之功",与林逋的"疏影横斜"有异曲同工之妙。这种孤冷清寂的格调,只属于月下白莲。

古人对白莲花的喜爱,几乎是溢于言表的。要知道,一千多年前,拥有一棵白莲花那可是一件很奢侈的事,有人甚至不远千里带一颗白莲种子回到故乡去。

中唐宝历二年(826),洛阳。刚刚因眼疾而从苏州刺史任上请归的白居易,在家里翻检从吴地带回来的心爱之物:"归来未及问生涯,先问江南物在耶? 引手摩挲青石笋,回头点检白莲花。"回到家乡,都来不及向亲友介绍宦居生涯,先检查一下从姑苏带回来的两件稀罕东西还在不在:一是青石笋,一是白莲花。石笋安插于园林一隅,白莲花栽在水池之上,这都是安置在宅园里用来娱老的雅物。

白居易生命最后的十八年是在洛阳悠游林下度过的。或许是艳羡苏州的园林，他在洛阳老宅里也建造了一个园子——履道里，经常邀请一些文士小聚，还举办过"九老会"。在没有客人的春花秋月之夕，尤其是荷花绽放的时候，他就一个人对着从江南带回的灵鹤、怪石、紫菱，以及白莲，时而酌饮一杯酒，时而吟诵一篇诗。

中唐以前，只有江南一带有白莲，白莲在北方还是颇为少见的。宋人程大昌《演繁露》记载："洛阳无白莲花，白乐天自吴中带种归，乃始有之。"看来，白居易也是一位爱莲者兼种莲人。

不仅东都洛阳人觉得白莲花珍稀，即使在皇都长安，白莲花亦不多见。五代王仁裕《开元天宝遗事》记载，玄宗时期，有年八月，太液池里的几朵千叶白莲盛开了，唐玄宗率众到池边赏荷。群臣都赞叹莲花开得好，李隆基却指着杨贵妃对大家说，这怎么比得上他这"解语花"呢？

白莲花固然好，但和妙人比起来，又显得不如了。高情商的皇帝这样夸赞贵妃，还有哪个美人不倾心呢？可惜的是，花如解语还多事，后来的历史果然印证了这点。

因为白莲，白居易一直牵念苏州。他晚年刻印《白氏长庆集》，还专门托人带到苏州的寺庙里庋藏一部以留念。集中就有不少写白莲花的：

种白莲
吴中白藕洛中栽，莫恋江南花懒开。

万里携归尔知否？红蕉朱槿不将来。

白蓮

白莲池泛舟

白藕新花照水开，红窗小舫信风回。

谁教一片江南兴，逐我殷勤万里来。

四

白莲让人牵挂。说来也是十分有趣，苏州古时还出产另外一种优良的莲花，为当世名士所推崇，那就是并蒂莲。

人们喜用"并蒂莲"来象征男女间美好纯洁的爱情。《诗经》有："彼泽之陂，有蒲与荷。有美一人，伤如之何？寤寐无为，涕泗滂沱。"香草美人，令人辗转反侧。明代少保兼华盖殿大学士李贤，有次招门生饮宴并有意借机择婿，恰席间菜肴有一道藕片，于是他出了上联"因荷（何）而得藕（偶）"求对。此联看似家常语，其实有一定难度，不但要工整，而且要谐音双关。在座众人都被难倒了，只有徽州程敏政才思敏捷，即席答对："有杏（幸）不须梅（媒）。"李贤十分赞赏，就把女儿许配给程。荷花成就了一段并蒂姻缘。程敏政进士及第，后任礼部右侍郎。他就是后来受唐寅和徐经科场案牵连获罪的主考官。

并蒂莲，又名同心莲、合欢莲，是荷花中的千瓣莲的一个变种，也算稀有，因一茎二萼双花，犹如双胞胎。古籍上常有并蒂莲开花的记载，将其称作嘉莲、瑞莲，上报给当政者，作为帝王雨露恩泽的祥瑞象征。民间认为花开并蒂，是吉祥恩爱的征兆，所以，新婚夫妻常用并蒂莲纹样作为婚庆装饰。

旧传元代昆山名士顾瑛也是爱莲人，他曾经偶然得到西域荷花异种并蒂莲，把它郑重地种在阳澄湖畔的玉山草堂。每逢佳朋雅会，他就召集文士们观荷、听曲、赋诗。因为一枝并蒂莲花,还引出了古代三大雅集之一的玉山雅集。

杨维桢、张雨、倪云林等当世文士经常相聚于此,大家吟诗赏荷,品鉴书画。玉山雅集前后持续约二十年,参与其中的江南名士多达三百余人,可谓元代历史上规模最大、历时最久的诗文雅集。据说其中一次雅集,顾瑛竟在为自己修建的墓前举办,真可谓惊世骇俗。顾瑛在那次雅集上对朋友们说,人终有一死,与其等死后故旧哭祭于坟前,不如生前与大家痛饮赋诗山野间。与其说顾瑛遗世独立,不如说他继承了莲花的精神。

玉山雅集前后共产生5000多首诗歌,辑为《玉山草堂集》,被《四库提要》赞为"文采风流、照映一世"。

顾瑛十分珍视自家的并蒂莲,据说他后来担心莲种被人盗走,就用石板凿孔覆盖在池塘之上。每逢花季,花叶自孔伸出,不影响观赏,而莲藕则藏于石下。今昆山玉峰山有并蒂莲,为所谓"玉峰三宝"之一,相传为顾氏遗种。

因为顾氏并蒂莲的名声在外,民国年间,每逢暑月,叶恭绰等名流常呼朋引伴从上海驱车到昆山观赏并蒂莲,一时称为沪昆雅事。叶还让人在古莲池旁盖了几间房子,雇人看护莲池。后经周瘦鹃先生建议,将该莲引种栽植于拙政园远香堂前的荷池内。

有个故事说,当年京沪铁路南段修通时,叶恭绰任邮传部铁路督办官员,特将小县昆山的车站列为二等站经停。有人调笑说,这是为了赏荷方便的"假公济私"。这个传闻半真半假,不过因一朵荷花,居然让铁路线上多了一个经停站,我辈也权当其为真事。由此可见,顾瑛也好,叶恭绰也罢,乃真爱莲之人也。

有关植栽荷花的话题,似乎前人早就说尽了,又感觉怎么说也说不尽。清人李渔估计是一个养荷高手,他的种荷感受是:"自荷钱出水之日,便为点缀绿波。及其劲叶既生,则又日高一日,日上日妍。有风既作飘摇之态,无风亦呈袅娜之姿。"如果不是手植荷花,每天观察其生长,断不会写出这么美的句子。介绍了一番荷花的体用之利后,他又说:"是芙蕖也者,无一时一刻,不适耳目之观;无一物一丝,不备家常之用者也。有五谷之实,而不有其名;兼百花之长,而各去其短。种植之利,有大于此者乎?"

而吾辈只能纸上种荷,神游其上而已。

园林荷事

卜复鸣

吴地赏荷之风历来盛行,然而荷塘大多远离城市,观荷赏花有着诸多的不便。如远郊的洞庭西山有个消夏湾,是苏州传统的观荷胜地之一,这里曾是春秋时期吴王的避暑处,当地人善栽荷花,夏末秋初,一望数十里不绝。宋代范成大诗云:"蓼矶枫渚故离宫,一曲清涟九里风。纵有暑光无著处,青山环水水浮空。"然而坐船观荷,没有个两三天恐怕玩不尽兴。人们希望既享受山林或水乡之趣,又能不出城市,优雅而诗意地生活。解决这一矛盾的不二法门,就是造园。若无力造园,亦可以盆池为玩。《缸荷谱》里写道:"(荷)其花也,于江、于湖、于池、于沼,不闻若罂(古代一种大腹小口的酒器)、若碗、若盏,皆花也。"荷花是个广布物种,适应性极强,用池、盆均可栽植。

一

园池植荷。园林是"人化"的自然,它将大自然最优美的景色典型地摹写于咫尺之内,由小观大,以满足人们的精神理想。苏州园林是典型的山水写意园林。大凡江南地区,有水的地方必有荷花,所以造园种荷想必也是一件平常之事,更何况"制芰荷以为衣兮,集芙蓉以为裳。不吾知其亦已兮,苟余情其信芳",荷花是完美人格的君子的象征。因此,有园必有荷。如拙政园,明代王献臣时就有水华池,现有远香堂、荷风四面亭、藕香榭、留听阁、芙蓉榭等多处以荷花及相关典故命名的建筑,风动荷香,闲听荷雨,一洗人间衣尘。远香堂侧的南轩,旧有清代俞樾题写的匾额曰"听香深处",其跋云:"吴下名园以拙政园为最,其南一小轩,花光四照,水石俱香,尤为园中胜处。"虽不在荷花花期,亦能感受到开花时的那种意趣。

我国汉代就有栽植荷花的记载,唐代苏州郡圃的北池内栽有白莲和重台莲。白居易在《池上篇》序中说:"罢苏州刺史时,得太湖石、白莲、折腰菱、青板舫以归,又作中高桥,通三岛径。"他把苏州的白莲引种到了洛阳的履道里宅园中,"每至池风春,池月秋,水香莲开之旦,露清鹤唳之夕,拂杨石,举陈酒,援崔琴,弹姜《秋思》,颓然自适,不知其他"。陆龟蒙《和袭美木兰后池三咏·白莲》诗赞之为:"素花多蒙别艳欺,此花真合在瑶池。"重台莲更是荷花之名种,皮日休《木兰后池三咏·重台莲花》诗云:"欹红婑媠力难任,每叶头边半米金。可得教他水妃见,两重元是一重心。"

艺圃有座渡香桥,位于水池西南的浴鸥池前。桥曲三折,每折又由两块花岗岩条石相拼砌,显得玲珑而多姿。桥身贴水,形同浮梁,人行其上,宛若临波踏水。据说旧时池内植有荷花,花开之时香风暗度,故而得名。相传池内曾植有四面观音莲、小桃红等荷花品种。同治年间水池中植有白花重瓣湘莲,陆懋修有诗句"白莲冒一池",下注:"吾苏白莲花纯少闻,此自湘南移来。"据传与太平军、白莲教有关。四面观音莲其实是古代佛座莲的一种。佛座莲共有四个品种,除一茎单花者外,尚有一茎双花者为并头莲(即并蒂莲),三花者曰品字莲,四花者即四面观音莲,还有多至五六朵的。其中尤以并蒂莲最为著名,"红白芙蓉照画屏,秋波如镜照娉婷。并头花似双娥脸,一朵浓酣一朵醒"。

拙政园藕香榭

元末明初时期,顾阿瑛在阳澄湖畔的昆山正仪(旧称真义)有座园林叫玉山佳处(玉山草堂),园内种有并蒂莲。到1934年,叶恭绰得到一方古砚,砚底有一朵阴刻的并蒂莲图案,并有铭曰"此花出于正仪东亭顾阿瑛故居"。荷花盛开时节,他便会同几位好古之士前往观赏,并作《五彩结同心》一词,其序曰:"昆山真义镇之东亭子为顾阿瑛玉山佳处故址之一。今岁池荷盛开,重台骈萼,并蒂至五六花。余偕姚虞琴、江小鹣、郎静山临赏。以其叶小藕瘦而不结莲房,又花瓣襞积,卷如蕉心,正与吴中华山刘宋造像中所刊千叶莲同。因断为即天竺传来之千叶莲,盖花中如海棠、海石榴、山茶,凡舶来种恒现多层,此殆同例也。元末明初迄今已六百年,沦落荒村中,今始幸邀吾徒之一顾。感赋此阕,以属阿瑛,兼示同人。"其词曰:

前身金粟,俊赏琼英(注:小琼英,阿瑛姬人,今犹葬园中),东亭恨堕风涡(注:园中分东亭子、西亭子,相距几十里,足征当时之宏侈)。六百年来事,灵根在、浑似记梦春婆。濠梁王气,同都消歇(注:明太祖徙顾于濠梁,盖忌之与沈万三同),空回首、金谷笙歌。无人际、红香泣露,可堪愁损青娥。 栖迟野塘荒溆,甚情移洛浦,影换恒河。追忆龙华会,拈花笑、禅意待证芬陀。五云深处眠鸥稳,任天外、尘劫空过。好折供、维摩方丈,伴他一树桫椤(注:余新自吴门得桫椤一小株,亦天竺种也)。

并蒂莲历来被视为祥瑞。宋仁宗至和初年,苏州郡圃池中双莲花开,时人改芙蓉堂名为双莲堂。杨备《双莲堂》诗云:"双莲仙影面波光,翠盖摇风红粉香。中有画船鸣鼓吹,瞥然惊起两鸳鸯。"据方志记载,明正统三年(1438)六月,县学泮池现瑞莲,一茎三花,东山人施槃第二年状元及第,成为明朝开国后苏州府出的第一名状元;成化七年(1471),苏州府学池中莲一茎开二花,第二年吴

宽状元及第。

荷花的品种很多，园林栽荷也要根据水池的大小栽植相应的荷花品种。明代太仓人王世懋在《学圃杂疏》中说："莲花种最多，唯苏州府学前种。叶如伞盖，茎长丈许，花大而红，结房曰百子莲，此最宜种大池中。"像小种的小桃红，清人评之为"酽而不妖，丽而不俗。艳占榴先，香披桂后。百日间，花不暂歇"，则最宜植于小池。现在园林中一般大池栽荷，小池则常栽植另一种水生植物——睡莲，如网师园即如此。像王世懋这类玩家，还甃二小池对植不同的荷花品种：一种是碧台莲，"花白，而瓣上恒滴一翠点，房之上复抽绿叶，似花非花"，其实这是一种从莲房内又生花的重台莲；另一种为锦边莲，"蒂绿花白，作蕊时绿苞已微界一线红矣，开时千叶，每叶俱似胭脂染边，真奇种也"。晚明区怀年有诗咏锦边莲："风漪晴织藕丝牵，一捻胭脂废独妍。芳泽久娴苏蕙藻，彩霞分绚薛涛笺。"把它比作彩霞分绚的薛涛笺。

园池栽荷最宜偏于一隅或"宛在水中央"，开花之时更富韵致，切忌满铺池面，正如《爱莲说》所云："可远观而不可亵玩焉。"因此，古人常以缸植荷花，埋入池中。此法大约始于宋代，《花史左编》云："宋孝宗于池中种红白荷花万柄，以瓦盎别种，分列水底，时易新者，以为美观。"这种栽植手法，在园林中一直沿用至今。

二

缸盆植荷。由于园林水池一般面积较大，不是所有人都能拥有的，所以在唐代出现了一种盆池的形式，即埋盆于庭院一角，引水灌注，用以种植荷花或其他供观赏的水生花草。韩愈、张蠙、杜牧、姚合、齐己等都有《盆池》诗咏之。韩愈《盆池五首》之二云："莫道盆池作不成,藕梢初种已齐生。从今有雨君须记,来听萧萧打叶声。"荷叶齐展,亭亭净植,雨来则作清脆之声,胜于芭蕉,可见其别有天趣,正所谓:"户庭虽云窄,江海趣已深。"陆龟蒙卜居苏州临顿里(即现拙政园一带)时,皮日休有"薜蔓任遮壁,莲茎卧枕盆"句咏莲,陆龟蒙遂作《移石盆》:"移得龙泓潋滟寒,月轮初下白云端。无人尽日澄心坐,倒影新篁一两竿。"在盆池中植荷花,天光月影和一二新篁倒映水中,可尽日"坐游",以得静心。明代吴宽不但用盆池植荷,还于盆池内养鱼:"盆池当坐长新荷,眼底西湖渺绿波。便可乘舟如太乙,依然临水散东坡。"盆池新荷宛似西湖绿波,以小观大,这是中国人的哲学;而雨落水面,溅起点点水珠,鱼得共濡,"只尺洋洋犹自乐,不知盆外有江湖",正如庄周濠梁观鱼。

大凡一名一物,如草木、鸟兽、虫鱼之属,多有谱系。就花木而言,如南朝戴凯之有《竹谱》;到了两宋,名花之谱,层出不穷,牡丹、梅花、芍药、菊、海棠等都有谱。荷花尽管有周敦颐《爱莲说》之名章,却没有出现专谱。到了清嘉庆年间,江南的杨钟宝(字瑶水)有感于"荷独无谱",便著《缸荷谱》。至于为什么谱写"缸荷",而不写"荷花",其书序曰:"荷,花之隐君子也;缸,君子之岩栖谷处也;瑶水,花之良史也。以良史而疏岩栖谷处之隐君子,又无待征诸谱,而知其无遗美无谀词也已。"

《说文·缶部》:"缸,瓦也,从缶工声。"《尔雅·释器》:"盎谓之缶,盆也。"扬雄《方言》卷五:"缶谓之瓿甊,其小者谓之瓶。罂甊谓之盎,自关而西或谓之盆,或谓之盎。"这些都是土烧之物,用作容器。中国最早的瓶插荷花与东汉末佛

碗蓮

教传入带来的"宝瓶莲花"有关,到了魏晋南北朝,佛教盛行,在北魏石窟寺和画像砖上,经常能看到"宝瓶莲花"的图案。据《南史》载,晋安王子懋之母病危,"请僧行道,有献莲华供佛者,众僧以铜罂盛水,渍其茎,欲华不萎"。至晋室南渡,大量士族南迁,在江南这片文化土壤中逐渐注入了"士族精神、书生气质"。王羲之《柬书堂帖》:"荷华想已残,处此过四夏,到彼亦屡,而独不见其盛时,是亦可讶,岂亦有缘耶?敝宇今岁植得千叶者数盆,亦便发花,相继不绝,今已开二十余枝矣,颇有可观,恨不与长者同赏。"王羲之用盆栽植的是一种重瓣荷花,这是目前所见盆栽荷花的最早文字记录。

　　苏州向为人文之邦,苏州人自古就有以缸、盆、碗、钵等莳养荷花的习惯,栽植方式主要有两种。

　　一种是大容器栽植,可置于庭院或檐下观赏。如明代吴宽《盆荷初开适值风雨对之感叹》诗云:"一面红妆拥翠盘,风风雨雨不胜寒。园门半掩无人到,我独怜渠只自看。"每到夏秋,闲庭曲院,粲如流绮,花韵流香,可免荡桨溯流之辛,却也能求得一片清凉世界。明人柯潜的《吟室盆荷》咏述了盆栽荷花的基本培育过程:"瓦缸满注春泉碧,谷雨晴时分藕植。地切云霄雨露多,抽叶如盘高数尺。薰风初试花两三,叶底参差红未酣。盛夏繁开十余朵,越罗蜀锦光相涵。"周瘦鹃先生在《莲花世界》一文中说:"细种的莲花,我们大都是种在缸里的,每年清明节前几天,总得翻种一下,将枯死的老藕除去,把多余的分出来另种,一缸可分作二三缸。"并分享了他种植缸荷的经验。当时苏州人潘季儒先生擅种缸荷,种有层台、洒金、镶边玉钵盂、绿荷、粉千叶等名种,令人艳羡。

　　另一种则为碗钵等小容器培植,以为案头清供。明代高濂在《遵生八笺》、

228

拙政园荷风四面亭匾额

清人沈复在《浮生六记》里都记述了养碗莲之法。到了现代,苏州出现了莳养碗莲的高手,如周瘦鹃先生的老友卢彬士,据说是吴中培植碗莲的唯一能手。杨廙《可园赏荷,卢彬士先生引观所植佳种及钵莲,赋呈一首》诗中有"开怀澹定卢居士,钵纳莲花赋小园"之句赞之。

三

园居荷趣。琴棋书画、诗酒花茶本是中国古代文人的生活常事和日常修为,栽花赏花是园居生活的主要活动之一。唐宋以来,士大夫们伴随着节序,举行各种赏花活动,至明清尤盛,当时苏州有"清明开园"的风俗,各私家园林在此时向民众开放,一直到立夏为止。留园现在的入口处,就是当时园主为了方便游人入园观赏而于清道光三年(1823)开设的沿街大门。园内往往"来游者无虚日,倾动一时"(钱泳《履园丛话》)。袁学澜在《春日游吴郡诸家园林记》中说:"春时纵人游赏,车骑填巷陌,罗绮照城郭,恒弥月不止焉。余尝值春暮,偕二三友人,办杖头钱,蜡阮家屐,遍览诸家园林之胜。惟时东风扇和,流莺在树,香衢尘涨,有女如云。"至于自己有园林的,则每当花时,便会邀友雅聚,赏花宴乐,品评赋诗。如光绪二年(1876)的农历六月二十日,网师园(当时称"苏东邻")重葺一新,其主人李鸿裔(号香严)便招请怡园主人顾文彬、留园主人盛康、听枫园主人吴云等赏荷,顾文彬《过云楼日记》云:"香严招往网师园观荷。荷系新栽者,叶已满池,花犹繁茂。中开一莲,未开时,其形如钵盂;放足时,外层莲瓣,中层如牡丹,莲蓬内出,花如芍药,乃异种也。询之种花人,就不知其何来。香严请顾若波绘图,复作四绝句以张之。"第二天,顾氏又受彭蕴章之子彭祖贤招,饮于七襄公所(即现在的艺圃),"荷花亦盛,素称细种,然不及网师园矣"。次年五月初八,顾文彬做东,在怡园请客赏荷。十七日,盛康又在留园请客赏荷,顾文彬在日记中说,留园"池荷稍开,不及我园远甚",可见有种"别苗头"的较劲心态。但在游了张之万的拙政园之后,顾文彬则不得不被其古园景色所折服,"游拙政园,古木参天,莲叶平岸,居然有山林气,不但胜怡园,并非留园所及,惜能领略其胜趣者少耳"。

最富传奇色彩的是倪云林观荷。常熟城北陆庄有位富人叫曹善诚,他在园中植有梧桐数百本,有宾客来,他便叫僮仆洗梧,所以此园又称洗梧园(梧桐树上常会有一种叫梧桐木虱的昆虫,其会分泌白色的蜡丝,这种蜡丝形如飞雾,污染环境,因而需经常洗刷梧桐树,以防生虫)。《常熟县私志》"福山曹氏"条载:"曹善诚,至顺二年买地县治东北、醋库桥东,建文学书院。"又云:"福山曹氏,在胜国时,富甲江南,招云林倪瓒看楼前荷花。倪至,登楼,骇瞩空庭,惟楼旁佳树与真珠帘掩映耳。倪饭别馆,复登楼,则俯瞰方池可半亩,芙蕖数十柄,鸳鸯鸂鶒萍藻沦漪,即成胜赏。倪大惊,盖曹预葀盆荷数百,移空庭,庭深四五尺,以小渠通别池,花满方决水灌之。水满,复入珍禽野草,宛天然。"赏荷不见荷,饭后空庭却成了水池,但见池内荷花盛开,鸳鸯戏于莲叶之间。为了邀请倪高士赏荷,主人便弄出这等花样来,可谓别出心裁。

园林赏花在于"情趣"二字。袁宏道说:"茗赏者,上也;谈赏者,次也;酒赏者,下也。"苏州园林中的主厅大多为临水而筑的荷花厅,是夏秋纳凉赏荷花的绝佳之处。潘钟瑞《香禅日记》记光绪十四年(1888)七月初二:"同至艺圃观荷,入门,风香逆鼻,花开正盛,临池而坐,啜茗对之。中有设席宴饮者,听其谈妙相

拙政园香洲

234

園林铺地

庵观荷风景,盖金陵赴试之人也。"光绪十六年四月初二:"在挹辛庐吃茶,忽疏雨一阵,池中荷叶瑟瑟作声,俄而雨止,明珠的砾可玩。"植荷听雨是古人的一种雅趣,清赵执信有诗云:"最怜荷叶兼蕉叶,送尽风声复雨声。"现拙政园留听阁便是赏荷听雨的绝佳处。

园林中除了植荷、赏荷之外,还将荷花的形象广泛应用于建筑及装饰之中。如《园冶·铺地》说:"路径寻常,阶除脱俗,莲生袜底,步出个中来。"园路、台阶虽寻常,却要脱俗,如用荷花图案铺地,人行其上,宛如脚底下生出莲花来。典出《南史》:南齐废帝东昏侯萧宝卷宠爱潘妃,"凿金为莲华以帖地,令潘妃行其上,曰:'此步步生莲华也。'"童寯先生在评价留园时说:"园内装折、铺地、女墙,各尽其妙,而以铺地为优。"现明瑟楼东、远翠阁前临池处等都有莲藕、金鱼等图案铺地,寓意是连年有余。由于古代建筑多用木材构筑,易遭火灾,东汉《风俗通》云:"刻为荷菱。荷菱水物,所以厌火也。"所以苏州园林建筑中,常有垂莲柱、覆盆荷叶纹柱础等构件形制。

园林荷事何其多,有暇赏游苏州诸园,可寻觅、品味一下园林里的荷典、荷趣与荷踪,方不负荷生江南的韵味。

拙政园远香堂匾额

拙政园荷风四面亭

留园涵碧山房、明瑟楼

明清苏州《采莲曲》辑存

孙中旺

《采莲曲》原为乐府曲名，所出甚早，汉代就已有采莲曲《江南》。南朝梁武帝曾制《江南弄》七曲，《采莲曲》名列其中，可见其与江南风土联系之紧密。此后历代诗人迭有所作，不拘乐府体例，用以描绘江南一带水国风光和采莲女子的劳动生活、感情追求等，佳作名篇，流传千古。

苏州位于江南的核心区域，莲藕为苏州常见的水生植物，在生产生活中占有重要地位。明清时期，苏州经济文化发达，文人雅士辈出，和莲藕相关的诗词曲赋及书画作品不胜枚举。今特辑出几十位当时的苏州诗人所作的《采莲曲》，大体以作者生年先后为序，前附作者简介，后标文献出处，以飨同好。

242

林大同(1334—1410),字逢吉,号范轩。明常熟人。幼孤苦力学,抄读经史,不间寒暑。洪武末年曾任开封训导。著有《范轩集》等。

采莲曲怀友

采莲复采莲,莲生隔南浦。荡舟欲采之,奈此风浪阻。

采莲复采莲,直入云锦乡。扣舷发浩歌,惊散双鸳鸯。

采莲复采莲,岁旱莲苪小。红妆晚锦衣,空房遂枯槁。

采莲复采莲,翠房苦多刺。欲折又成休,徘徊不能去。

采莲复采莲,碧梗牵桑绿。终朝不盈把,何以遗所思。

采莲复采莲,含情寄君子。一笑江月生,相思隔秋水。

（《范轩集》卷二）

吴信(1405—1470),字思复,号朴庵、柚庄。明吴县人。喜读书,手不释卷。工诗,创意造语,卓绝不群。著有《柚庄遗稿》等。

采莲曲

横塘西浦西,荷胜若耶溪。白日熏风里,红香远近迷。

妾住横塘口,世业无何有。家传学种荷,图莲不图藕。

藕芽白参差,图之根本萎。损却玲珑玉,还伤长短丝。

波静晓风和,邻娃荡桨过。相还采莲出,齐唱采莲歌。

采莲须采早,采早空房少。嫁郎莫嫁迟,嫁迟颜色老。

（《七十二峰足征集》卷八）

吴大江（1484—1565），字德深，号沧溟。明吴县人。善养生家言，博洽工文。著有《媲美集》。

采莲曲

艳艳红裾白苎裳，荷花荡里斗新妆。采多莲子无心擘，双棹云飞欲傲郎。

（《七十二峰足征集》卷八）

黄省曾（1490—1540），字勉之，号五岳山人。明吴县人。嘉靖十年（1531）举人，后累举进士不第。多藏书，于书无所不览，详闻奥学，好谈经济。学诗于李梦阳，诗作以华艳胜。著有《五岳山人集》等。

采莲曲三首

怀人朝把紫笺裁，暂向荷花锁黛开。正是妾心愁剧处，鸳鸯两两莫教来。

团扇遥将明月裁，莲舟掩映一花开。风前羞杀芙蓉色，莫是阳云感梦来。

缃裙新借彩云裁，正值芙蓉玉沼开。不为名花同妾色，画船宁泛月明来。

（《五岳山人集》卷十八）

严果（1518—1600），字毅之，号文石，自号天隐子。明吴县洞庭东山人。布衣。不入城闉，不问家人产，兀坐一室，博览群书。有所独吟，皆得其情境。著有《天隐子遗稿》。

采莲曲

采莲复采莲,采莲棹出横塘前。瑶川玉溆币里许,红英白鄂相映鲜。吴姬二八工摇橹,腰细肢柔重婀娜。眉黛还羞叶未浓,粉容恰与花相伍。小小弓鞋吐舷仄,宛似红衣乍狼藉。狡童窥觑不胜情,佯作蚩蚩遶相拾。一时狎昵成笑喧,河洲惊起双栖鸳。盘旋鼓枻纷回薄,欸乃兴歌扰沸翻。郎潜叶底悄不知,妾隐花间亦无觅。玩戏多时采未盈,晻暍湖阴日将夕。日既夕兮明复晓,有兴还期诘来早。去去来来月未余,依稀渐觉游人少。盛年流浪已蹉跎,回首凄凄白芒歌。惆怅荷华已如此,蓝桥无计欲如何。

(《天隐子遗稿》卷三)

王世贞(1526—1590),字元美,号凤洲,又号弇州山人。明太仓人。嘉靖二十六年(1547)进士,官至南京刑部尚书。好为古诗文,为"后七子"领袖,独主文坛二十年。著有《弇山堂别集》《弇州山人四部稿》等。

采莲曲

兰为楫,桂为桡,青丝笮,沙棠舠。十五女儿茜红绡,轻裾明珰芬自飘。花深叶高奈何腰,中有文鹭并逍遥。红花绿的一双娇,回眸夸君心语要。何意水长不通桥,横塘别浦多风潮,稀星薄露夜迢迢。

(《弇州山人四部稿》卷六)

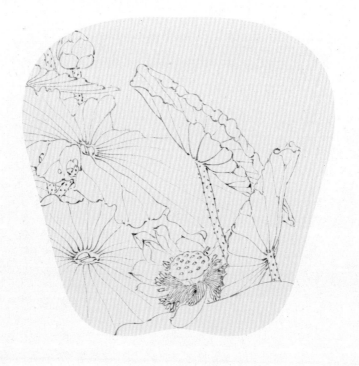

张凤翼(1527—1613),字伯起,号灵虚。明长洲人。与弟燕翼、献翼并有才名,时人号为"三张"。为人狂诞,擅作曲,有传奇《红拂记》《祝发记》等多种。诗文有《处实堂集》《敲月轩词稿》等。

采莲二首

日暮吴姬荡桨回,绿杨影里棹歌催。只疑树上新莺啭,不道人从花底来。

沿溪灼灼逞红妆,夹岸翩翩游冶郎。共道休歌采莲曲,莫须惊起两鸳鸯。

(《处实堂后集》卷三)

孙七政(1528—1600),字齐之,号三川,自号沧浪生。明常熟人。七岁能诗,才名籍甚。所居西爽楼、清晖馆蓄古鼎彝书画,与客觞咏其中,晚年贫困。与王世贞等友善。著有《松韵堂集》等。

采莲曲

秋江风动芙蓉衣,江头少妇采莲归。归来月向青楼箔,犹想烟波渡口飞。

(《松韵堂集》卷二十二)

王伯稠,字世周。明昆山人,原籍常熟。少有俊才,随父入京师,见城阙咸里之盛,辄有歌咏,时号神童,王世贞亟称之。为诸生,非其好,遂谢去,肆力歌诗。著有《王世周先生诗集》。

采莲曲

花里逢郎舟,停歌欲移棹。羞郎问侬家,回头向花笑。

（《王世周先生诗集》卷一）

徐媛,字小淑。明长洲人。徐泰时之女,范允临之妻。多读书,书法《黄庭》。好吟咏,与寒山陆卿子唱和,吴中士大夫望风附影,交口而誉之,称"吴门二大家"。著有《络纬吟》等。

采莲曲

湿萝低映石榴裙,髻簇华鬟写绿云。徐步凌波拾海月,恰疑湘水涉湘君。

绣带牵花蔓刺蕡,棹歌微动水萍分。携来小妹恒延伫,犹忆城南殢使君。

锦帆泾里百花船,曾唱吴娃旧采莲。共弄明珰捐晓翠,不知夜色已平滩。

妖冶三三隐绿杨,紫骝飞控紫丝缰。应知隔面情如语,暗送风开宝袜香。

十三学得楚儿妆,罗袜凌波趁晓光。水面白莲花万片,枝枝相映玉钗凉。

断风吹入水云乡,似近鲛人织素房。日暮乌啼深树香,相随渔火出横塘。

双飞青雀下湖西,杏子单衫结束齐。摇拽橹声云外出,满郊烟冷扑香泥。

十二峰头秋露凉,门前沙白水苍苍。浣纱溪上新萍色,不似莲花并妾妆。

新妆日射汗流香,争向花阴纳晚凉。低唱柳枝斜拂水,更流青盼媚萧郎。

不畏沙头荷芰风,半江云影一帆红。曾闻昨夜邻姬渡,堕翠遗钿出镜中。

（《络纬吟》卷八）

陆一宁,字仲安,号山民。明吴县洞庭西山人。工吟咏。著有《漻穴集》等。

采莲曲

妾采莲,采莲莫采子。但知莲子甜,不识莲心苦。子去莲房空,苦心向谁吐。

妾采莲,采莲莫采叶。莲叶比似君,莲花还似妾。花叶本同根,那堪中道折。

(《七十二峰足征集》卷十二)

毛晋(1599—1659),原名凤苞,字子久,晚年改名晋,字子晋。明常熟人。性喜藏书,出重金收购古书,构汲古阁、目耕楼庋藏,内多宋元刻本。又大量刻印古书,延名士校勘。有《汲古阁集》等。

采莲曲

江上花朵鲜,今年似去年。花边采莲女,颜色何如前。

昨日花似侬,今日花如雨。荣谢不多时,默默向谁语。

枝上花容妍,花中苦心在。妍容不可驻,心苦何时改。

不怕艇子轻,只怕飞桡急。缚袖怯长风,不觉红裙湿。

(《汲古阁集》卷四)

孙永祚,字子长,号雪屋。明常熟人。明崇祯二年(1629)入复社,八年以选贡授推官,不赴,隐居教授。所著诗古文词为董其昌、钟惺等所称,与同邑杨彝齐名。著有《雪屋集》等。

采莲曲

渡口晚风急,舟横乱挽篙。乘潮小未惯,莲子满溪抛。

来往采莲路,笑声传隔渡。日暮闻郎归,系舟杨柳树。

斜日照侬妆,微风吹水凉。上有红荷衣,下有绿荷裳。

欲折惜红颜,何枝不可怜。含羞忽回棹,瞥见并头莲。

轻风乱藕丝,好似侬心绪。无处诉衷肠,莲花共侬语。

(《雪屋集》卷七)

祝谦吉,字尊光。明常熟人。崇祯六年(1633)举人,任桃源教谕。著有《澹远集》。

采莲曲

彼采莲兮荡波中,有美一人兮舞清风。风来徐兮吹花须,娇粉腕兮何所思。

彼采莲兮击轻舟,有美一人兮含深愁。愁何为兮湿云裳,映朱颜兮分清香。

彼采莲兮流汤汤,有美一人兮娇不忘。与水欢兮心有忧,莲有群兮独离幽。

彼采莲兮伤暮迟,有美一人兮手迟迟。花在池兮云在天,香光漾兮思仙仙。

(《澹远集》卷三)

叶小纨(1613—1657),字蕙绸。清吴江人。叶绍袁次女,沈永祯妻。工词曲,有俊才。著有《存余草》。

采莲曲

生长江头惯采莲，兰桡飞动水云边。红颜灼灼花羞艳，更借波光整翠钿。

棹入波心花叶分，花光叶影媚晴曛。无端捉得鸳鸯鸟，弄水船头湿画裙。

女伴今朝梳里新，迎凉相约趁清晨。争寻并蒂争先采，只见花丛不见人。

(《吴江叶氏诗录》卷八)

陆瑞徵，字兆登。清常熟人。崇祯十一年（1638）贡生，官新城知县。入清不仕。为人端方易直，与名流结社赋诗，兼工书画。著有《颐志堂稿》等。

采莲曲周仲来邀赋六首

水槛纳新凉，酥胸粉汗香。伤春又伤夏，无绪绣鸳鸯。

鸳鸯眠正稳，移棹各分飞。秋风生荻浦，片片剪红衣。

红衣落浅渚，青房碧玉簪。折来怜并蒂，持去赠同心。

同心归不归，念远双蛾敛。郎心非妾心，那能测深浅。

深浅白萍香，荇丝胶进艇。女伴往来频，摇动一潭影。

潭影晚逾碧，照见残妆堕。纤月在城隅，素艳偏愁我。

(《颐志堂稿》卷一)

葛乔年，字世高，号木公。清吴县洞庭东山人。知博识峻，谈论古今，证据子史，侪辈莫能屈。兼通音律，博弈投壶，无不精妙。终老盱眙。著有《寄闲斋诗》。

采莲曲

花如妾面凌波媚,妾似花枝带露秾。花影此时兼妾影,不知若个是芙蓉。

（《七十二峰足征集》卷五十八）

周台,字云书,号夫须。清常熟人。诸生。笃志好古,为文章辨析义理,有卓见。著有《清远楼诗集》。

拟采莲曲五章

莲花何用采,污泥不染清香在。采来持比君子人,人若比莲真可爱。

采莲何处去,江北江南愁日暮。采得一枝怜独归,分明记取来时路。

荷叶开时春恨生,荷叶枯时恨秋成。趁花及采渡江去,怅望江头江水声。

绿水芙蓉好问津,移舟相就为相亲。陡然云起风波恶,笑杀青蒲与白蘋。

手向清波种耐寒,今朝手采玉如看。花时便结房中实,莫把亭亭换牡丹。

（《清远楼诗集》卷下）

顾文渊,字文宁,一字湘原,号雪坡,自号海粟居士。清常熟人。以画名,见王翚山水日进,改画竹石。工诗文。康熙三十一年(1692)作《雪竹扇》。著有《海粟集》。

采莲曲

朝采莲,荷花鲜,暮采莲,荷叶圆。朝来暮返花叶间,悔登金桨木兰船。将叶比衣花比貌,青罗著故红颜老。桨动惊开比目鱼,船行冲散双栖鸟。谁唱采莲歌,添侬怨思多。朱葩炜烨枉耀日,紫茎婀娜空凌波。欲采碧莲心,劳侬苦苦寻。无端伤素藕,缠得丝盈手。不如抱取荷花归,新月如眉上湾口。

(《海粟集》卷三)

施理,字佩宜,号荔村。清吴县洞庭东山人。诗学葛一龙。又善画菊。豪宕慷慨,好学谦衷。放浪湖海逾三十载,所至吊古怀远。著有《荔村合稿》。

采莲曲

小姑初解事,随伴强乘船。怪他夫妇好,偏折并头莲。

(《七十二峰足征集》卷三十五)

叶松(1615—1674),字梅友,号淳庵,一作纫庵。清吴县洞庭东山人。重气节。遁迹于山巅水湄,不事举子业。诗文疏宕,有豪气。究心江海兵防、漕运实用之学。著有《淳庵集》等。

采莲曲二首

新制南湖歌,郎私教侬熟。暗笑同来伴,犹唱旧时曲。

曲终荡桨去,波静月光白。余韵度花间,忆杀归舟客。

(《七十二峰足征集》卷三十三)

柳如是(1618—1664),本姓杨,名爱。后改姓柳,名隐,字如是。清吴江人,一说嘉兴人或松江人。原为吴江盛泽归家院名妓徐佛弟子,后为钱谦益所纳。能诗文,工书画。著有《戊寅草》等。

采莲曲

莲塘格格蜻尾绿,香威阴烬龙幡曲。兰皋欹雀金鳞浓,水底鸳鸯三十六。
捉花雾盖凤翼牵,蜂须懊恼猩唇连。叶多蕊破麝炷消,日光琢刺开青鸾。
麒麟腰带鸭头丝,银蝉佶杂蛾衣吹。郎心清彻比江水,丁香澹澹眉间黄。
粉痕月避清蒙蒙,天露寒森迸珠网。藕花欲落丝暗从,锦鸡张翅芙蓉同。
脉脉红铅拗莲子,鸡波石溅秋罗衣。胭脂霏雨俨相加,云中更下双飞雉。

(《戊寅草》)

尤侗(1618—1704),字同人、展成,号悔庵、艮斋。清长洲人。康熙十八年(1679)举博学鸿词,与修《明史》。天才富赡,诗多新警之思,杂以谐谑,每一篇出,传诵遍人口。著有《西堂全集》等。

采莲曲

沙棠为舟丝作索,若耶女儿采莲乐,香风淡淡罗衫薄。罗衫薄,早归家,待明朝,出浣纱。

(《西堂诗集》卷一)

汪琬(1624—1691),字苕文,号钝庵,晚号尧峰。清长洲人。顺治十二年

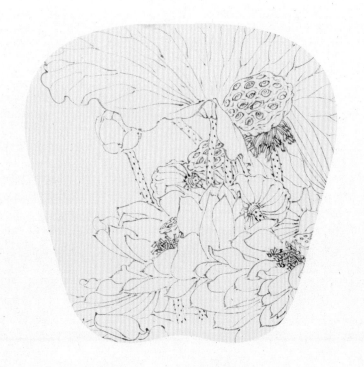

（1655）进士，后举博学鸿词，官至刑部郎中。工诗文，与侯方域、魏禧并称清初散文三大家。著有《尧峰诗文钞》《钝翁类稿》等。

艺圃采莲曲四解

绿盖平堤曲，红衣艳水濒。隔烟闻笑语，知是采莲人。

采莲莫采藕，拔急愁根伤。采莲莫采叶，留覆双鸳鸯。

采莲池中流，月色沿流明。不似秋江上，愁佗风浪生。

才出红版桥，又入绿杨浦。但爱莲房鲜，不知莲薏苦。

（《钝翁续稿》卷二）

严熊（1626—1691），字武伯，号白云。清常熟人。出身望族，曾祖严讷与外祖文震孟均仕至大学士。明诸生，后弃去，游历各地，纵情诗酒。晚年里居，与名流酬唱。著有《严白云诗集》等。

采莲曲

妾采莲花心，郎采莲花叶。莲心抱霜干，莲叶迎秋怯。

相将携手去，风急舟横涉。暂得露珠圆，谁言终胜妾。

（《严白云诗集》卷七）

王昊（1627—1679），字惟夏，号硕园。清太仓人。王世懋曾孙。弱冠负盛名，涉猎书史，纵笔为古文辞，为钱谦益、吴伟业所推重，与黄与坚等并称"娄东十子"。著有《硕园诗稿》《当恕轩随笔》等。

采莲曲

莲浦净,莲潭幽,莲房冷,莲衣秋。南塘莲叶过人头,南塘之水碧似油。十五女儿来荡舟,棹歌徐发诣中流。茭花菱角相攀留,飘红堕翠香风浮。相思千里空绸缪,莲心独苦无时休,藕丝不断长牵愁。

(《硕园诗稿》卷十三)

叶燮(1627—1703),原名世倌,字星期,号已畦。清吴江人。康熙九年(1670)进士。授宝应知县,以忼直忤巡抚慕天颜,被劾归。晚居横山,人称横山先生。工文,喜吟咏。著有《已畦集》等。

采莲曲

瑶房昨夜梦征兰,新著君王半臂寒。采得莲花花欲褪,何如莲子掌中看。

(《已畦诗集》卷九)

周同谷(1630—?),字翰西,号鹤臞。清常熟人。明诸生,入清后流寓昆山。穷老无家,抑郁而死。诗文苍古,名流推重。著有《霜猿集》《玉沙集》等。

采莲曲

妾住莲浦东,郎住莲浦西。高楼日相望,门对秋杨堤。

郎骑青骊驹,来往秋杨里。妾身妆楼傍,素腕弄清水。

采莲荡轻舟,莲叶盖人头。停桡不肯进,恐郎叶底留。

郎情莲叶长,妾貌莲花冶。试看亭亭花,偏在叶底下。

采莲过横塘,贻妾并头芳。欲报郎莲子,同蒂不同房。

萍来秋风响,水急难下桨。并着两舟行,郎舟容易上。

郎欲故行迟,贪看妾容姿。今夜楼前月,照人长相思。

(《玉沙集》卷下)

吴兆骞(1631—1684),字汉槎,号季子。清吴江人。少有才名,与华亭彭师度、宜兴陈维崧并称"江左三凤凰"。因科场案遭累,遣戍宁古塔,后赎还。诗作慷慨悲凉,独奏边音。著有《秋笳集》。

采莲曲

倚楫渌潭空,新莲相映红。折茎愁刺密,揽荂爱心同。

锦缆明斜日,罗衣逐晚风。船回繁吹合,争入馆娃宫。

(《秋笳集》卷三)

王摅(1635—1699),字虹友,号汲园。清太仓人,王时敏子。少即游于同里陈瑚门,为入室弟子。及长,师事父执钱谦益、吴伟业,诗文益进。著有《步檐集》《芦中集》。

采莲曲

南湖渌水澄镜光,采莲女儿艳红妆。争持桂桨荡中央,浪花惊起双鸳鸯。

鸳鸯往来碧波上,宁肯雌雄两分张。此时采莲女,欲采还思郎。搴花愿比妾颜好,折藕愿如郎意长。君不见,馆娃宫殿千门起,醉舞娇歌欢未已。忆著吴王宫里人,宵来泪迸横塘水。

(《芦中集》卷一)

王掞(1645—1728),字藻儒,号颙庵。清太仓人。康熙九年(1670)进士,官至文渊阁大学士兼礼部尚书。因屡上疏请立太子,被遣赴西部边疆军前效力,以年老免行,寻致仕。工诗画。著有《西田集》等。

采莲曲

桂楫轻摇水面飞,浪花风起溅罗衣。纷纷笑向中流去,夺取新开并蒂归。

(《西田集》卷一)

戴刘淙,一作戴淙,字介眉,晚字稼梅。清常熟人。康熙二十年(1681)举人。顺治初曾与同邑孙旸、吴县章在兹等结同声社。善书,诗以晚唐为宗,见赏于吴梅村。著有《牧豕集》。

采莲曲

江南女儿颜如花,横塘水绿荡桨斜,朝出采莲暮归家。暮归家,重向镜,花与颜,两相映。

采莲女伴斗晓妆,罗裙縠袂垂明珰,兰桡桂楫声悠扬。声悠扬,采莲去,

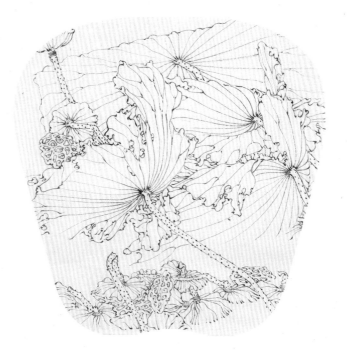

寻不见,花深处。

(《牧豕集》卷下)

周建镳,字武扬,号同斋。清吴县洞庭东山人。读书励志,法度前哲,与弟建铭友爱,相为师友。著有《长青集》。

采莲曲

镜花浅蹙湘纹绮,佳人缓棹秋烟里,香房的的多青子。多青子,漫相攀,新月现,唱歌还。

(《七十二峰足征集》卷五十五)

顾嗣立(1665—1722),字侠君,号闾邱。清长洲人。康熙五十一年(1712)进士,授知县,以疾归。喜藏书,耽吟咏,性豪于饮,有"酒帝"之称。博学有才名,尤工诗。著有《秀野集》《闾邱集》等。

采莲曲

藕肠轻丝擘春雪,黄须翠盖摇清澈。彩霞散雾酿浓香,欲动不动光凝结。羊家美人号静婉,绿齿点波红日晚。回头一笑水花香,柳阴满港腥风凉。荡桨叶翻珠迸破,扑漉惊起双鸳鸯。绿芒点点攒心乱,手折一枝莲子看。愿郎解得可怜心,直到香销丝不断。

(《闾邱诗集》卷一)

266

沈德潜（1673—1769），字确士，号归愚。清长洲人。乾隆四年（1739）进士，官至内阁学士兼礼部侍郎。谥文悫。论诗主格调，提倡温柔敦厚诗教。著有《沈归愚诗文集》，选有《古诗源》《唐诗别裁》《明诗别裁》《清诗别裁》等，流传颇广。

采莲曲

闲上采莲船，学唱采莲曲。桂楫轻摇荡，鸳鸯映花宿。横塘香水流，流绕白蘋洲。搴折并头花，女伴皆回眸。沙头日晚棹船归，采得芙蓉欲遗谁。荡子天涯尚飘泊，风前孤负最长丝。

（《归愚诗钞》卷一）

汪沈琇（1679—1754），字西京，号茶圃。清常熟人。雍正六年（1728）贡生，官宣城教谕。著有《太古山房诗钞》。

采莲曲

莲塘半里强，荡桨闲留恋。叶碧赛侬衣，花红妒侬面。

莫漫采莲房，莲子垂垂吐。人贪莲子甘，侬识莲心苦。

洒叶水琮琤，水面双鸳戏。团来珠不圆，此中夹浓泪。

失手伤藕股，柔腕牵藕丝。持将祝郎意，缠绵无绝时。

（《太古山房诗钞》卷七）

盛锦（1691—1756），字庭坚，号青嵝。清吴县人。诸生。好吟咏，耽游览，尝历游鲁、齐、赵、楚、蜀诸地。曾与张锡祚、黄子云、沈德潜相唱和。著有《青嵝诗钞》等。

采莲曲

越来溪水明镜光,白蘋风送红蕖香。美人双桨采莲去,翠盘露湿芙蓉裳。
芙容为裳兰结佩,秋水明妆只自爱。厌看波面戏鸳央,羞盼湖边游冶氓。
落日回舣越溪上,风战花房摇恶浪。翠袖红衣好护持,莫逐浮萍共飘荡。

采莲曲

阖闾城浸波光里,一色荷花香十里。吴姬十五爱采莲,绿浪红裙斗旖旎。
白面谁家年少郎,画船载酒出横塘。船头翠盖遮不得,刚逢半面羞红妆。
采莲旧俗传西子,倾国倾城半由此。并头花底看鸳鸯,肠断痴男与痴女。
别为青湿旧小姑,寻香不到莫愁湖。江村人静浣衣出,明月青天照影孤。

(《青嵝诗钞》)

顾文铁(1736—1814),字恺风,号芦汀。清长洲人。工诗文,善山水,精隶书,
尤嗜金石。居济宁二十年,与何元锡、黄易往返最密。晚年贫病交困,手不释卷,
著书自得。著有《云林小砚斋诗钞》。

采莲曲

鸳鸯湖畔草粘天,双桨吴娃唱采莲。笑折藕根分两向,问郎可有暗丝牵。

(《云林小砚斋诗钞》卷一)

程际盛(1739—1796),原名炎,字焕若,号东冶。清长洲人。乾隆四十五年(1780)进士,官至监察御史。初学诗于沈德潜,致仕后,惟以汲古穷经为务,尤深研郑玄之学。著有《稻香楼诗集》等。

采莲曲

弄月乘潮去,烟波晓露侵。携归持作镜,照妾别离心。

晓出横塘上,兰桡荡桨迟。采莲还折藕,藕断更牵丝。

(《稻香楼诗集》卷一)

李书吉(1744—?),字敬铭,号小云。清常熟人。乾隆四十五年(1780)举人。历任云南宜良、广东龙川、广东澄海知县。曾与同邑蒋宝龄、吴江翁广平等在铁砚山房作同岑会。著有《寒翠轩诗钞》等。

采莲曲

十五十六采莲女,双双荡桨舣前渚。绿云凌乱红雨翻,但闻喧笑不闻语。

娇小未识双鸳鸯,只道凫鹥丽如许。人影花影相乱流,大珠涉珠覆难收。

并头欲采未忍采,相视含笑仍含羞。夕阳催归人不留,夜凉风露一天秋。

(《寒翠轩诗钞》卷三)

尤兴诗,字肆三,一字进嘉,号春樊。清吴县人。乾隆五十一年(1786)举人,官至内阁侍读,忱归不出,主苏州平江书院十九年。最重名教,曾创修周忠介公

祠,复徐忠仁祠。著有《延月舫集》等。

采莲曲

湖波弥淼凫嗫喋,忆上江南木兰枻。人迎渡头袅袅风,莲生水面田田叶。红衣赪粉愁相邀,露泫花痕香不销。横塘浸白铺明镜,洛神灼若何娇娆。尔时越女晚妆好,弄珠拾翠思芳草。斜曳蝉衫逐戏鱼,轻摇桂桨临华沼。鱼沼水鳞鳞,缄怀寄远云。紫茎冒翠袖,绿房鲜罗裙。罗裙翠袖行逦迤,影荡湖心绿皱起。女伴来搴并蒂花,郎归去种相思子。隔岸才闻水调歌,涉江又怯洞庭波。丝牵红藕心终苦,鲤鱼风起愁奈何。

（《延月舫初集》卷一）

钱宝琛(1785—1859),字楚玉,又字伯瑜,晚号颐寿老人。清太仓人。嘉庆二十四年(1819)进士,官至湖南巡抚。为人严以律己,宽以御众。热心桑梓事务,乡里称之。著有《存素堂诗文稿》等。

前采莲曲

采莲复采莲,乌榜木兰船。烟中人不见,笑语绿杨边。

采莲复采莲,鸦髻鲜云偏。背人偷射鸭,双弹堕郎前。

采莲复采莲,荷芰作衣穿。持归与郎看,遮莫妒红颜。

采莲复采莲,喜摘并头妍。娇羞伴不语,袖底卜金钱。

采莲复采莲,生小识风烟。莫入吴宫去,岁岁复年年。

后采莲曲

采莲莫采叶,恐惊双鸳鸯。双栖复双宿,飞去不成双。

采莲莫采子,莲子中心苦。莲苦侬心知,侬心向谁吐。

采莲莫采蒂,中有青丝牵。花折尚堪插,丝断不能连。

采莲莫采粉,冷落空房秋。人面几时好,勾起侬心愁。

采莲莫采藕,泥污沾人肌。沾肌可洗渝,只恐沾郎衣。

(《存素堂诗稿》卷四)

顾复初(1813—1894),字子远,一字幼耕,别号曼罗山人。清元和人。贡生,官光禄寺署正。曾为吴棠、丁宝桢、刘秉璋、何绍基等人幕客,终老于蜀。通词章,工书。著有《乐余静廉斋诗文稿》等。

采莲曲

南风吹水水生波,鹨鶒鸳鸯队队过。但道莲茄生刺密,那知莲子太心多。

藕丝何日搓成线,莲子生来不出房。荷叶纵然无用处,留他雨里盖鸳鸯。

艳艳荷花如妾面,星星藕孔似郎心。藕根生在河泥里,藕线何缘度过针。

(《乐余静廉斋诗稿》卷上)

汪艺,字燕庭,别号茶磨山人。清吴县人。工词赋,名噪一黉,时称盘溪才子。沪北鸿文书局曾延聘校勘文字。喜交游,与朱埔、秦云友善。著有《茶磨山人诗钞》。

采莲曲

采莲莫采萍,萍叶难聚首。采莲莫采菱,菱角易刺手。

妾貌如莲花,妾心比莲子。心苦郎不知,貌美郎底喜。

(《茶磨山人诗钞》卷二)

本篇插图：姚新峰

　　说荷花，自然要先提起梅花，就像说到夏天，要先说起春天一样。2017 年岁末，我们合编的友朋赏梅杂记《梅事儿》问世，居然也博得书友们的一二青眼。一位上海读者到苏州买到这本书，千方百计联系到作者，专门组织朋友们来香雪海雅聚一次，可见江南文化传播的力量之大。由是，我们有了继续做下去的信心和勇气。

　　荷花作为中国人精神意象的标志花卉之一，自春秋到汉唐，早就深入中华文脉。自周敦颐后，荷花被宋人抬到了一个全新的高度，可谓开荷花审美之滥觞。正如杨万里所说，"王家唤竹作此君，周家唤莲作君子"；宰相李纲写过《莲花赋》；陆游梦到过荷花博士写诗题记；郭祥正的诗里更有："濯濯水中华，香艳胜蘋藻。英英泥中根，洁素常自保。房实又堪食，无一不为好。"用一句通俗的话说，荷花浑身都是宝。

　　"当年不肯嫁春风，无端却被秋风误。"古往今来，歌咏荷花的诗文太多了。本书在编撰的过程中，就避开了一些常见诗词，择选了一批明清苏州人写的《采莲曲》，这些源自乐府，流至民间的歌谣，或许能代表荷花的别样风致；书中还有旧时荷花生日苏州人赏荷的风俗探微以及荷花荡的游图变迁；绘荷者众，我们聚焦八大；食荷者多，我们鼎尝一商。故此，书里以荷风、荷影、荷味、荷事总览，取其四面之意。

　　荷花是写不完的，读荷不如赏荷，于是才有荷开那夜。2021 年夏末秋初，我们召集众友去相城荷塘月色湿地公园赏花。天气凉了，花如捉迷藏的孩子，脸躲在荷叶后面。其实即使没有花，荷叶也好看；即使没有整叶，残梗也好看，这就是荷的魅力。那一夜，小舟轻荡，月色如银；那一夜，荷影墨香，佳人美酒；那一夜，笙歌院落，灯火楼台。那夜的美好场景，详见潘振元先生的记述及书法。值得一记的还有两处：一是我们在茶楼前挂起银幕，放映了《影响世界的中国植物》中关于荷花的纪录片，大家仿佛找到了小时候看露天电影的感觉，这是荷塘雅集里的光影纪年；还有姚新峰先生在公园里办了荷主题的摄影绘画展，画家视角的摄影作品和白描的荷画都给夏夜带来了难得的清凉。

这本小书，还展现了江南美食中的荷食部分。吾吴古来就有食花的传统，桂花可食，玫瑰可食，荷花亦可食。近来也有很多人尝试做荷花宴，但只是简单地在菜肴里摆上红花绿叶点缀罢了，荷花宴成了荷花艳。我们这次呈现的是创意荷宴，希望能表现出精雅绝伦的食色江南。书里原汁原味复现了著名碗莲培植大师卢彬士先生的《莳荷一得·君子吟》油印本。该本为1949年钢板刻印，存世极少，本书影印自王稼句先生庋藏本。此外，近几年植物爱好者越来越多，在手机上下载应用程序就可以拍花识草。所以我们也特别邀请江苏省中科院植物研究所的杭悦宇老师写了一篇关于荷花的科普文章，以飨读者。

清人李渔说过，荷花可目、可鼻、可口，"及花之既谢，亦可告无罪于主人矣"。那么,作为编者,我们希望这本小书送印下厂,亦可告无罪于读者矣。

编者

二〇二二年九月

图书在版编目（CIP）数据

为荷而来 / 潘文龙，周晨编. -- 苏州：古吴轩出
版社，2022.9
ISBN 978-7-5546-1990-2

Ⅰ.①为… Ⅱ.①潘… ②周… Ⅲ.①荷花 - 文化研
究 - 中国 - 文集 Ⅳ.①S682.32-53

中国版本图书馆CIP数据核字(2022)第158874号

责任编辑　黄菲菲
责任校对　李　倩
装帧设计　周　晨　李　璇
图片提供　姚新峰　易　都　茹　军　左彬森
　　　　　于　祥　杭悦宇　卜复鸣　何文斌

书　　名　为荷而来
编　　者　潘文龙　周　晨
出版发行　古吴轩出版社
　　　　　地址：苏州市八达街118号苏州新闻大厦30F
　　　　　电话：0512-65233679　　邮编：215123
印　　刷　苏州恒久印务有限公司
开　　本　889×1194　1/32
印　　张　9
字　　数　146千
版　　次　2022年9月第1版
印　　次　2022年9月第1次印刷
书　　号　ISBN 978-7-5546-1990-2
定　　价　80.00元
如有印装质量问题，请与印刷厂联系。0512-65615370